绿色建筑施工技术及施工管理研究

冯江云　编著

北京工业大学出版社

图书在版编目（CIP）数据

绿色建筑施工技术及施工管理研究 / 冯江云编著 .
— 北京 ：北京工业大学出版社，2021.2
ISBN 978-7-5639-7842-7

Ⅰ . ①绿… Ⅱ . ①冯… Ⅲ . ①生态建筑－建筑施工－研究 Ⅳ . ① TU18

中国版本图书馆 CIP 数据核字（2021）第 034124 号

绿色建筑施工技术及施工管理研究

LÜSE JIANZHU SHIGONG JISHU JI SHIGONG GUANLI YANJIU

编　　著：冯江云
责任编辑：刘　蕊
封面设计：点墨轩阁
出版发行：北京工业大学出版社
（北京市朝阳区平乐园 100 号　邮编：100124）
010-67391722（传真）　bgdcbs@sina.com
经销单位：全国各地新华书店
承印单位：天津和萱印刷有限公司
开　　本：710 毫米 ×1000 毫米　1/16
印　　张：7.25
字　　数：145 千字
版　　次：2022 年 1 月第 1 版
印　　次：2022 年 1 月第 1 次印刷
标准书号：ISBN 978-7-5639-7842-7
定　　价：58.00 元

前　言

本书简单介绍了绿色建筑及其组织与管理，重点阐述了绿色建筑技术与施工技术，以适应绿色建筑施工技术及施工管理研究的发展现状和趋势。

全书共 4 章，包括绿色建筑综述、绿色建筑技术、绿色施工技术、绿色施工组织与管理等内容。本书突出基本概念与基本原理，尝试多方面知识的融会贯通，注重知识层次的递进，同时注重理论与实践的结合。

本书特点主要有以下几方面。

（1）以培养读者的能力为主线，强调内容的针对性和实用性，体现“以能力为本位”的写作指导思想，突出实用性、应用性。

（2）层次分明，条理清晰，逻辑性强。

（3）知识通俗化、简单化、实用化和专业化；内容叙述详尽，通俗易懂。

本书可供相关行业技术人员参考使用，也可作为普通高等院校相关专业的高职高专、本科生及研究生的辅助教材或者学习参考用书。

限于笔者水平，加之时间仓促，本书的体系可能还不尽完善，书中不足和疏漏之处在所难免，恳请广大读者批评指正。同时笔者在此对在本书写作过程中给予帮助的各位朋友表示衷心的感谢！

目　录

第一章　绿色建筑综述

第一节　绿色建筑简述

随着世界生态环境问题日益突出，能够较好地对生态环境问题做出响应的建筑通常被称为绿色建筑或可持续发展的建筑。绿色建筑的内涵是全方位的、立体的、高科技的，以科技作为发展动力，追求环保、健康、智能化，实现人和环境的共生。我们可以将绿色建筑形象地描述为“环保＋节能＋健康＋高效＋智能”的建筑。当然，作为时代的新鲜产物，绿色建筑是一个动态概念，不同时期会对其有不同的要求和标准，而且随着社会的不断发展，这些要求和标准也会越来越高。

发展是人类社会永恒的主题。绿色建筑是在人类面临生态破坏加速、自然灾害频发、资源短缺严重、人口剧增、物种惨遭灭绝的生存危机的情势之下衍生出来的。现阶段打造绿色建筑、建设和谐社会已成为国家和社会可持续发展的大趋向，目前我国建筑业和房地产业面临全力推进绿色建筑发展这一新的挑战。绿色建筑倡导的是节能减排和优化环境，既能有力地带动建筑建设节约能源，又能科学地调整建筑的产业结构，这一举措成为转变城乡建设新的增长方式，优化了人们的生活环境，更是促进资源节约型以及环境和谐友好型社会建设的重要基础。

一、绿色建筑概念及其内涵

翻开古老的建筑史，犹如一部营造“千秋大业”的长卷，从初期的遮风挡雨的陋室到现在环境优美的高大建筑，人们沉迷物质生活的同时，开始慢慢认识建筑给生存环境带来的破坏和危害，“绿色建筑”应时而生。绿色建筑是指在建筑的全寿命周期内，最大限度地节约资源（节能、节地、节水、节材）、保护环境和减少污染，为人们提供健康、适用和高效的使用空间并与自然和谐共生的建筑。

绿色建筑的概念最早是由世界自然保护联盟在《世界自然环境保护大纲》中提出的，又被称为“生态建筑”。其理念旨在高效节能地使用地球资源，从建材的生产到建筑的规划施工，再到运营维护，最后到拆除回用的整个过程，最大限度地降低地球资源的占有和消耗率，以及减少废弃物和有害物质的排放。“四节”（节能、节地、节水、节材）和环保是绿色建筑的核心内容，新形势下提倡低耗高效、健康舒适的绿色建筑生产、生活方式，提倡使用对提高环境品质有利的先进技术、新型材料，是符合21世纪可持续发展的绿色建筑的基本要求的。绿色建筑概念的内涵如下。

1. 全寿命周期

全寿命周期，顾名思义即产生、发展、退出的全过程，从建材的选料到建筑活动结束后资源的回收再利用形成了绿色建筑的全寿命周期。经济效益、社会效益和环境效益的统一性决定了对绿色建筑全寿命周期的要求，即其不仅要保证建筑的使用寿命，还需要具有未雨绸缪的前瞻性，也就是要求其能够轻松地应对未来的变化和发展。因此，绿色建筑设计的重点是最大可能地延长建筑的使用寿命。

2. 节能减排

为了减少对不可再生资源（自然界的各种矿物、岩石和化石燃料等）的消耗，绿色建筑设计倡导改变以往的思维方式和设计观念，实现了由高能耗模式向低能耗模式的转化；依靠先进的节能技术降低消耗，建设新能源，使太阳能等绿色环保的清洁能源得到了充分利用，减少了空调采暖和制冷的使用；在建造材料的选择中，合理使用资源，减少材料消耗、降低噪声污染和二次装修污染等，力求资源的可再生利用。

3. 可持续发展

我国单位建筑能耗如建筑用钢、混凝土水泥使用，产生的温室气体，以及北方城市煤烟污染等越来越厉害，造成了严重的环境污染，已成为阻碍我国可持续发展的一大难题。建设生态城市，实现经济、社会和环境的可持续发展是我国现阶段的迫切要求，良好的建筑环境和空间环境是建设生态城市的标准之一。在建设的过程中促进资源和能源的有效利用，减少环境污染，保护资源和生态环境，有利于促进社会经济的可持续发展。

绿色建筑实现了人与环境的协调和统一，因而具有生态性、安全舒适性、先进性的特点，所以受到人们的广泛欢迎。绿色建筑的生态性是指建筑从最初的设计到施工再到最终的使用均尊重生态规律，注重对生态环境的保护；因地制宜，能结合当地的地形、地貌、气候特征等地域条件，最大限度地利用自然通风、自然采光，既能提高住户的舒适度又能降低能耗；建材选取时将环保材料和循环利用材料作为首选，以提高自然资源的利用率，并减少加工过程的污染物排放。安全舒适性是指绿色建筑在选址上应注意避免周边洪涝灾害、滑坡泥石流等地质灾害的威胁，建筑场地应远离电磁辐射污染源和易燃、易爆、有毒物质危险源。选择的建筑材料和装修材料应符合环保标准，不危害人体健康。同时绿色建筑在设计与施工的过程中不应只关注建筑本身，还应重视建筑周围人文环境、视觉环境及景观环境的建设，将建筑与环境融为一体，拉近人与自然的距离，增进人与自然之间的亲和力，实现人与建筑、自然的和谐共处。绿色建筑的先进性是指采用电子通信和自动化技术，建造智能化大楼，将建筑的“智能”和“绿色”融为一体。

二、绿色建筑的目标

绿色建筑的目标是达到人与自然安全健康、和谐共存、生活宜居的追求和愿望。绿色建筑研究和实践过程中也提出了“实现保护生态、节能减排，创造可持续发展的人类生活环境”的目标。第一，解决人类发展所必备的自然资源、环境可持续、稳定、均衡地提供保障的问题；第二，控制和约束人类行为消耗自然资源的规模、水平与效率；第三，保持社会生态系统功能的完整性和丰富度，使历史文化的传承能在建筑中得以表达，达到借鉴、继承与发展相结合，实现人类生存观的修正、优化与进步；第四，使建筑景观以科学的发展观实现人类社会可持续发展的诉求，通过提高科技水平和高新技术的推广应用，降低资源消耗，达到和谐、宜居的生态人居环境；第五，发展新资源、再生资源，缓解并最终解决威胁人类社会发展进步的自然资源与环境的瓶颈问题。

我国建筑节能和绿色建筑发展的量化目标：新建建筑方面的目标是完成新建绿色建筑面积 10×10^8 m^2，20% 的城镇新建建筑达到绿色建筑标准要求；既有建筑节能改造的目标，包括北方采暖与夏热冬冷地区的建筑供热计量和节能改造、公共建筑和公共机构办公建筑节能改造、实施农村危房节能改造。

绿色建筑较传统建筑，能耗大大降低。绿色建筑的建设尊重当地自然、人文、气候的条件，因地制宜，就地取材，没有明确的建筑模式和规则；充分利用自然条件，如绿地、阳光、空气，注重内外部的有效联通，其开放的布局较封闭的传统建筑的布局有很多优势。绿色建筑不仅是一个物质的构筑，更是一个具有生命意义的生命体。绿色建筑建设过程中，对整个过程都注重环保因素，其构建的方式也是人类智慧集成的技术和科学能力的表达与应用。

三、绿色建筑的原则

（一）和谐原则

秉持人与自然和谐发展的原则，是绿色节能住宅设计的基础。住宅建筑物的环境是与自然界混为一体的，所以总的来说它也是自然界重要的一部分，另外，住宅建筑和自然环境无形中有着相互制约的关系，所以在进行住宅建筑设计以及施工时，应将自然因素划分到设计环节中，以便于自然环境和绿色建筑的和谐发展。但是在进行绿色节能住宅工艺中，也要将因地制宜原则放在主要位置，使用住宅建筑的材料和资源，做到建造住宅绿色化。

绿色建筑使得居住环境更加安全健康、节能环保，将进一步改善人们的现有生活，并推动社会经济的发展。最大限度地降低建筑过程中的消耗和破坏，已成为绿色建筑设计中特别强调的和谐原则。

（二）适地原则

健康舒适是住宅居住者的要求之一，所以建造绿色节能住宅要坚持健康舒适的原则。通常来讲，住宅设计的最大原则是在绿色节能前提下使居住者能够体验舒服享受，所以为达到这种效果，采用节能环保的材料；在住宅设计上要满足供暖、采光、降湿、通风以及污染处理的条件，从而达到人们对住宅绿色节能的要求。

适地原则是人们居住环境是否符合安全健康、是否符合人文特征，建设空间是否适宜，土地是否被高效利用以及建设选址是否进行科学规划等所必须遵守的根本性原则。

（三）节约原则

绿色建筑标准要求在节约和适用原则基础上开发与利用节能能源，在建筑和绿化过程中节约水资源，充分利用从自然界获取的可再生能源和可再利用、可再循环利用材料等。近年来，我国建筑业普遍存在能源高消耗现象，由此在建筑工程中引发了资源的多余浪费，如果这种浪费不能被及时制止，就会给自然环境造成破坏，所以面对这种状况，应采取相应的措施。

（1）应采取最佳设计方案减少资源的浪费，提高资源的利用率，使高能耗得到控制。

（2）水、电、取暖、制冷等高能耗环节采取适当的措施加以控制。

（3）对可利用资源不断地开发，如建筑材料在选择时应考虑可循环利用和重复利用，实施建筑材料的再次回收，使资源能够有效合理利用。遵循这项原则，在考虑节约不可再生资源的基础上，更注重的是对未来合理利用资源趋势的可持续发展。

（四）高效原则

绿色建筑不仅提供了健康环境，而且高效地利用了资源，采用先进技术提高了节能效率，形成了绿色建筑的高效原则。

（五）舒适原则

绿色建筑是以满足人类居所舒适要求为基础的，形成了健康舒适、安全环保又符合可持续发展要求的舒适原则。

（六）经济原则

在绿色建筑的建造、使用、维护过程中应符合适宜投资、节约成本和适宜消费的经济原则。

（七）人文原则

建筑既具有历史性，又具有传承性，更具有人文特征。世界各地的每座建筑都彰显了人类的智慧与特点，充满了人文特质。

四、绿色建筑设计的策略分析

（一）因地制宜

在传统的建筑设计中，为了实现商业利益的最大化，在设计建筑的过程中往往注重建筑的标准化以及产业化，针对不同地区的温度、湿度等自然条件设计具有相应特点的建筑。为了使建筑的采光自然、通风顺畅，最大限度地利用自然条件，在设计的过程中需减少人工采光、人工通风等，从而减少其所造成的能源消耗以及污染。

（二）选址和现场设计

绿色建筑建设在什么位置，选址是非常重要的。绿色建筑的选址，需根据

下面要求来进行：首先和公共交通空间距离上要近，这样才能够保证人们的便利出行，以保证人们的正常生活；其次根据当地所处的自然和气候条件，选择更加有利于利用自然资源的场地，并且周围的绿化面积要达到相应的要求和标准，这不仅对人们的身体健康有益，也能够减小设计绿色用地的成本。

（三）建筑布局设计

设计出一个好的建筑布局，可以充足地利用现场资源，提高建筑的室内环境的利用率。在对建筑布局进行优化设计过程中，首先，利用树木或者相关植物减小建筑物存在的热负荷现象。而且，根据当地的经纬度以及不同的风向，选择建筑物的朝向，并能够有效地利用太阳能以及风能等自然资源。其次，利用优越的地形，将其作为整个建筑物的围护结构，在一定程度上减小建筑物的能源消耗。最后，对内部使用的功能区进行合理的划分，将一些没有安装窗户的区域朝北向设置，将一些具有相同功能的区域放在一起，这样不仅有利于建筑物的通风设计，还有利于节约能源。

（四）建立水循环利用系统

就我国当前建筑而言，水资源浪费大，水污染严重，这些问题的产生严重违背了绿色建筑的内在要求，更不符合我国现代可持续发展战略的要求。为了更好地促进绿色经济的发展，在建筑绿色设计中必须重视水资源利用，节约水资源，减少水污染。在建筑工程中，可建立水循环利用系统，如建立蓄水池，通过收集系统将雨水加以处理，既可以满足建筑需求，同时还可以补充景观水的利用。在规划生态景观水景时，也要懂得水资源的再生、循环以及可持续利用，将避免环境污染、节约水资源作为目标。另外，可以将生活当中的废水进行处理，回收利用，节约水资源。

（五）加强采光的设计

采光是绿色建筑设计理念中重要的组成部分。因此，在绿色建筑设计的过程中，工作人员应当对采光设计给予高度的重视，应当对光照入室进行合理的设计，避免阳光直射室内，达到让居住者感到舒适的效果。另外，在绿色建筑设计的过程中，工作人员也要根据地域之间的差异，进行合理的设计。需要注意的是，室内的阳光不宜过多，但是也不能过少，设计人员应当对阳光照射的程度，进行全面的控制。并且，在绿色建筑设计的过程中，设计人员应当对建筑物之间的距离，进行合理的计算，这样可以在最大限度上保证每一幢建筑物的采光效果，为人们提供良好的居住环境。

第二节　绿色建筑的发展概况

人们对绿色建筑的理解经历了一个认识不断深化的过程，即从早期侧重建筑的环保性与节能性，到逐步重视舒适与健康的价值。进入20世纪90年代，人们逐渐意识到绿色建筑技术已经无法再以单项开发、简单叠加的手段继续发展下去，绿色建筑建设不仅关系到建筑技术的改良措施，同时也关系到社会、经济、文化等诸多方面的有机综合。发展绿色建筑也从偏重于技术层面的讨论向从技术到体制和文化的全方位透视及多学科研究转变。只有将绿色建筑设计在社会、经济、技术等诸多层面上进行整合，将其纳入社会经济体制轨道中，成为社会发展中的一个有机组成部分，才能激励人们自觉运用绿色建筑技术积极改善环境问题，才能从根本上找到环境问题解决的路径。

绿色建筑在我国的大力发展时期已经到来，国家在推动绿色建筑发展方面的力度逐步增强，绿色建筑遵循可持续发展的原则，迅速跨越起步阶段，正在向全面实施阶段发展。因此，必须综合绿色建筑发展矛盾问题出现的各种根源性因素，以此做出积极的应对策略，力求达到绿色建筑建设与城市发展相协同的最终目标。

一、绿色建筑的起源

绿色建筑的概念起源于环境问题，环境问题包括环境恶化和能源危机。对于建筑行业而言，其关联行动是研究发展节能建筑，在这一发展方向上，加拿大、北欧地区国家走在了世界前列。

我国学者开始建筑节能的研究始于20世纪80年代初，并由此产生了建筑热工专业。直到20世纪80年代末，我国城镇住宅的建筑热工性能仍很差，导致能耗高，如北方地区。

20世纪90年代初中期，加拿大等国的建筑节能学者意识到，建筑物不仅消耗大量能源，而且消耗物质资源，排放大量气、液、固废弃物甚至污染物，特别是二氧化碳，同时改变了地表的形态，影响了不同区域的生态环境，甚至全球气候。于是人们期望，建筑物能否具备绿色植物的属性而成为“绿色建筑”。

1997—2000年，英国开始有了零能耗建筑实践。2002年起，绿色建筑概念开始在中国传播，但起初并不是从建筑界引入的，而是从建筑的关联行业如太阳能、风力发电行业引入的。因绿色建筑建设要研究可再生能源在建筑上的应用，于是引入了光伏建筑一体化、光热建筑一体化技术；与此同时，欧洲的零能耗建筑设计也通过大量的展览，在北京、上海设立设计机构等方式进入中国，而零能耗建筑概念与中国当时的大规模建设状态形成了鲜明对比，其内含的人与自然相和谐的理念引起了中国一部分建筑师的特别关注。

二、我国绿色建筑的发展历程

当前，我国建筑运行的总商品能耗占能源消费总量的 20% 左右。而从建筑全寿命周期角度来看，如果加上建材制造、建筑建造，建筑全过程能耗占中国总能耗比例已达 45%。从发达国家来看，随着经济社会的发展，建筑行业将逐渐超过工业、交通业成为用能的重点行业，占全社会终端能耗的比例为 35% ～ 40%。

另外，建筑产业对资源的消耗也非常显著，我国每年钢材的 25%、水泥的 70%、木材的 40%、玻璃的 70% 和塑料制品的 25% 都用于建筑产业。

因此，在 2020 年全社会总能耗 48 亿 t 标准煤的目标控制下，如果没有实施有效的节能措施和抑制不合理建筑增长需求，建筑能耗将突破 12 亿 t 标准煤，而我国在 2030 年前后的城镇化率将达到 70%，因此，建筑领域的节能减排对全国节能绿色工作起到至关重要的作用。

我国绿色建筑发展工作从 20 世纪 80 年代开始延续至今，其发展历程可分为以下四个阶段。

第一阶段是 1986 年之前的理论探索阶段，其标志是颁布了我国第一部建筑节能标准：《民用建筑节能设计标准（采暖居住建筑部分）》（JGJ 26—1986）。

第二阶段是 1987—2000 年的试点示范与推广阶段。其间，建设部（现为住房和城乡建设部）颁布了第一部部门规章：《民用建筑节能管理规定》（第 76 号令），第一次把建筑节能工作纳入政府监管当中。

第三阶段是 2001—2008 年的承上启下转型阶段。2006 年，建设部颁布了第 143 号令《民用建筑节能管理规定》，以这个部令为标准，我国所有地区的节能工作都纳入监管当中。后来，以该部令为基础，2008 年《节约能源法》和《民用建筑节能条例》相继颁布，强化了将绿色节能工作纳入法制的轨道。另外，2006 年还颁布了《绿色建筑评价标准》（GB/T 50378—2006），在学习国外建筑发展思路的基础上，我国建立了自身的绿色建筑发展政策思路。

第四阶段是 2008 年至今的全面开展阶段。此阶段把建筑领域绿色节能纳入国家经济社会发展规划和能源资源、节能减排专项规划，成为国家生态文明建设和可持续发展战略的重要组成部分。

短短30多年，我国在绿色建筑领域已取得了不小的成就。其中，在新建建筑节能领域，“十二五”期间我国城镇新建建筑执行节能强制性标准比例基本达到100%。截至2016年底，全国城镇新建建筑全面执行节能强制性标准，累计建成节能建筑面积超过150亿m^2，节能建筑占全部民用建筑的比例为47.2%。

在绿色建筑评价标识方面，截至2016年底，全国累计有8000个建筑项目获得绿色建筑评价标识，建筑面积超过12亿m^2。其中，绿色建筑设计标识占比95%，运行标识占比5%。

在绿色建筑强制推广方面，2016年，全国省会以上城市保障性住房、政府投资公益性建筑以及大型公共建筑开始全面执行绿色建筑标准；北京、天津、上海、山东等地已在城镇新建建筑中全面执行绿色建筑标准。截至2016年底，全国城镇累计竣工强制执行绿色建筑标准项目面积为5亿m^2。

在既有建筑节能改造方面，一是在居住建筑节能改造上，截至2016年底，北方采暖地区共计完成既有居住建筑供热计量及节能改造面积13亿m^2；在夏热冬冷地区既有居住建筑节能改造上，截至2016年底，有关省市已完成既有居住建筑节能改造备案面积1778.22万m^2。二是在公共建筑领域，第一批重点改造城市是天津、重庆、深圳、上海，各市改造面积400万m^2，综合节能率达20%，均已完成并通过验收；第二批公共建筑重点改造城市是厦门、济南、青岛等，改造任务量为2054万m^2；第三批改造城市为北京、天津、石家庄、保定等，改造任务量为6959万m^2，综合节能率达15%。

在融资方面，我国也做出了有效探索，为建筑绿色发展提供了支持与保障。其中，在财经政策领域，针对绿色建筑、既有居住建筑节能改造、公共建筑节能改造重点城市和超低能耗建筑等工程，管理层陆续颁布各类文件，对相关领域给予最大支持和补贴。

2016年，中国人民银行等七部门联合印发《关于构建绿色金融体系的指导意见》，绿色金融在我国迅速发展。绿色建筑发展领域也开展了绿色金融支持绿色建筑发展的初步尝试。如2017年，住房和城乡建设部会同中国银行业监督管理委员会启动新一批重点城市建设规划。借鉴前两批重点城市建设经验和教训，新一批重点城市建设加大力度探索市场化改造机制，引入绿色信贷等金融政策。

绿色建筑之所以受国人重视并给予大力支持，不仅因其概念非常符合我国

人多地少的基本国情，而且随着生态环境的不断恶化，能源资源的不断减少，节能、环保、绿色生活成了更多人呼应要做的事。

三、我国绿色建筑发展存在的问题

随着全社会对建筑舒适度要求的不断提高和人们环保意识的不断增强，绿色建筑越来越多地吸引着开发商和设计师的目光。虽然绿色建筑具有显而易见的生态环境和社会环境效益，但这毕竟是针对长远效益来说的。而实际上绿色建筑前期投入较大，需要长时间才能回收成本，从而降低了很多投资者的积极性。同时由于绿色建筑识别技术尚不完善，很多人对绿色建筑存在着误解，认为绿色建筑就是先进的、智能的、高成本的建筑，盲目地追求“高、精、尖”，也造成了一定的不必要的经济损失。

（一）缺乏环保意识

我国人口基数大，整体的素质水平较低，特别是低碳环保意识较差。我国幅员辽阔，资源丰富，经济发展迅速，但资源的浪费也越来越大，在日常的生活工作中，人们往往只注重自身的方便，而忽略对环境的影响。

（二）缺乏对绿色建筑的了解

我国绿色建筑事业起步晚，知识普及不全面，多数人还没有充分领悟绿色建筑的意义和内涵，缺乏对绿色建筑的基本理解。甚至有一些建筑商将绿色建筑归结为高科技建筑或是豪华建筑，认为居住环境优美舒适，建筑材料以贵为主，全部采用高科技控制系统的建筑就是低碳环保建筑，最终导致普通百姓消费不起，更加剧了资源的浪费，阻碍了绿色建筑产业健康发展。

（三）绿色建筑建设中的技术不成熟

我国绿色建筑业起步晚，研究成果少，低碳节能技术还不够成熟，节能环保产品可选种类较少且成本较高。虽然我国的建筑专业人士在不断研究绿色建筑的建造方法和社会效益，但是将理论应用于实践的机会过少，多数技术与理论都不能得以实现。技术的不成熟和产品设备不齐全，会导致开发商在进行房屋建设时产生一些工程问题，最终致使房屋建筑造价高，开发商尝试节能产品的兴趣降低，不利于绿色建筑的利用和推广。

四、绿色建筑的发展前景

绿色建筑的出现，体现了人类社会对新发展观的追求。选择绿色，就是选择了一种新的生活方式，选择了可持续发展的未来。发展绿色建筑，既是建筑产业发展规律的要求，也是我国经济发展的需求。建筑业涉及和覆盖的行业较多，而绿色建筑产业将对我国发展低碳经济和社会建设起到重要的引导与带动作用，因此具有广泛的发展前景。发展绿色建筑可以实现节地、节能、节材，并可以实现绿色能源的合理利用，对国民经济发展具有重要的意义。绿色建筑的建筑选址和布局要满足与环境“融为一体，统一协调”的原则，应该因地制宜，紧密结合建设地段的地形地貌、气候特征等条件合理布置建筑物，以利于获得充足的日照，并避开风口，既能提高住户的舒适度又能减少能耗。在此基础上还应再仔细搜集整理和分析建筑所在地的民居资料，结合城市总体规划和服务对象，提出最优化的居住模式。绿色建筑的建筑能耗占社会总能耗的比重大，并呈逐渐上升的趋势。若不解决建筑能耗高的缺点，绿色建筑的发展就无从谈起。因此必须做好建筑的节能节材设计。

绿色能源的利用，应优先考虑使用无污染、可再生、取材范围广的清洁能源。太阳能、地热能、风能等分布广泛，而且几乎不会对环境造成危害，是绿色建筑能源的最佳选择。若能充分利用这些资源，不仅可以降低能耗，降低污染物排放，从而保护环境，还能避免过度开发不可再生能源。采取自然通风、自然采光、土壤蓄热蓄冷等措施都能有效地减少建筑物制冷、采暖和照明的能耗量。绿色建材的选用，传统建材工业的生产加工过程需要消耗大量的资源能源，并对生态环境造成严重污染，这一现象是与可持续发展的要求相悖的，所以建筑的“绿色”程度很大程度上是由选用的建筑材料决定的。绿色建筑对建材行业的要求就是要大力推进建材生产和加工的绿色化进程，即所谓的“绿色建材”。应选择高效经济的建筑结构和材料，如用钢结构、高强预应力混凝土体系等。尽量减少使用不可再生能源和在生产或使用过程中易产生污染的材料，积极开发可再生的新能源。尽量采用可循环、有利于环境保护和人体健康的建筑材料。优先采用高性能绿色建筑材料，如利用工业废渣研制出来的高性能水泥便是一项性能优良的备选材料。绿色建筑的节水设计表现在应该大力倡导使用节水型器具。除此之外，还可采取以下措施：设置合理、完善的室内给水系统；合理利用市政管网余压；按照使用用途分别设置水表，并提高水表计量的准确性；合理设计热水和开水供应系统；设置分质供水系统，开发利用再生水、雨水等非传统水；设置园林绿地节水灌溉设施等。

20 世纪 90 年代后，绿色建材的发展速度明显加快，国外已经建立了各种绿色建材的性能标准并推出相应的环境标志来规范绿色建材的发展。德国是世界上最早推行环境标志的国家，发布了第一个环境标志“蓝天使”，考虑的因

素包括污染物散发、废料产生、再次循环使用、噪声和有害物质等。美国和日本在新的环保建材的研究领域进行了大量的工作。在美国，过去胶黏剂地面长期使用氯化溶剂，现在向水基胶黏剂过渡；建筑涂料也已过渡到以水性涂料为主，近 75% 由胶乳组成。在日本，东陶公司研制成可有效抑制杂菌繁殖和防止霉变的保健型瓷砖；铃木产业公司开发出具有调节湿度性能和防止壁面生霉的壁砖以及可净化空气的预制板等。当前绿色建材的发展具有多功能化、复合化、传统建材与绿色建材一体化的特点。

第三节　绿色建筑与可持续发展

一、城市绿色建筑可持续发展的有效方案

（一）严格遵循绿色建筑的设计原则

在进行城市绿色建筑的设计过程中，相关工作人员必须充分考虑各方面因素，严格遵循以人为本的设计原则，最大限度地提升施工过程中各种资源的利用效率。同时，为了全面提升城市绿色建筑的设计效率和水平，相关的设计人员在进行设计时可以引进先进的仪器和设备协助设计，如通过使用全新的测量仪器对建筑场地进行高效、快捷的测量，然后利用先进的电子设备对相关的参数进行详细的演算，并通过电子计算机构建绿色建筑模型，全面地对城市绿色建筑的可行性和科学性进行检验。在进行设计材料的选择时，应尽可能地选择建筑周围的材料，这样不仅可以最大限度地带动本地区的资源开发，还能够降低资源在运送过程中产生的成本。设计人员还需要考虑回收一部分损坏较小、对环境的污染较小且具有较高回收率的建筑材料。

（二）不断提升住宅建筑节能环保性

在进行住宅建筑的设计过程中，相关的工作人员可以充分考虑利用雨水、阳光等资源。通过合理的设计和安排最大限度地降低人们生活中的水资源和电能资源的消耗。设计人员在进行绿色建筑设计时，需要选择具有较高利用率的资源，这样能够有效地降低资源的使用量，从而大幅度节省施工的成本。同时，应采用先进的建筑技术，最大限度地提升各种资源材料的使用效率。在进行设计时，应充分地选择各种可再生的资源材料，减少或限制选择不可再生资源。在设计的过程中还需要将环境保护纳入当中，选择有益于人体健康的建材，降

低建筑建材对环境造成的污染和破坏。设计人员还要在住宅周围建立大规模的绿化带，加强对园林和河道的建设质量，从而构建能够有效提升人们生活环境质量的绿色生存空间。

（三）引进先进绿色建筑技术完成设计

设计人员还需要加强建筑技术的设计，在设计中尽可能地利用各种先进的新能源技术、自动化技术、新材料技术、信息化技术等。与此同时，还要加强各种绿色施工和设计技术的科研，建立绿色技术示范和集成的规模化应用基地。除此之外，相关的设计人员还需要采用全新的控制技术和节水技术，利用一系列绿色技术来完成具备较高节能性能的建筑改造。相关的设计人员需要合理地设计整个施工过程，不断加强预置装备技术和绿色施工技术的使用。

二、应用绿色建筑实现可持续发展的策略

（一）加强政府支持

相较于发达国家，我国绿色建筑领域的发展起步较晚，监管措施和科学技术支持的缺乏在很大程度上制约了绿色建筑的发展，因此政府应加大对绿色建筑的支持力度。具体来说，各地方政府需要结合本地区实际制定绿色建筑行业规范，规范的制定需要联合行业协会、相应部门并同时结合可持续发展的理念，由此形成完善而科学的监督管理体系。只有政府给予恰当的政策管理，我国的绿色建筑行业才能够走上良性发展的轨道，其在我国可持续发展中所发挥的作用才能越来越大。

（二）提升绿色建筑设计水平

绿色建筑设计水平直接影响绿色建筑的可持续发展效能，因此建议业界结合国内外经验不断提升绿色建筑设计水平。设计水平提升策略建议如下。

（1）“切薄”建筑。“切薄”建筑策略早已广泛应用于国内外绿色建筑设计领域，这一策略是通过提升建筑与外界的接触面增强空气对流、自然光渗透，由此绿色建筑的节能水平便能够实现长足提升。例如，新加坡国立图书馆利用了“切薄”建筑策略，而该建筑由此便实现了相较于同等普通建筑年度30% 的能耗降低，由此可见“切薄”建筑策略在提升绿色建筑设计水平领域发展的不俗成果。

（2）公共空间室外化。公共空间室外化策略同样是一种实践价值较高的绿色建筑设计策略，这一策略能够使绿色建筑在最大限度上摆脱对人工环节的

依赖，将大堂、中庭走廊、电梯厅等公共空间置于室外属于该设计策略的主要内容，深圳信息职业技术学院科技楼便属于应用公共空间室外化策略的典型，在空中花园、“多风道空心结构”支持下，该建筑实现了10%的能源消耗降低。

（三）结合传统民居思想

我国传统民居思想与可持续发展思想有着一定的相似之处，天人合一、因地制宜、就地取材均属于这种相似的来源，如天人合一思想追求人与自然和谐相处，因地制宜思想重视选址实现的自然资源利用，而就地取材思想推崇原始材料的使用、旧材料的再利用等，而将这些传统民居思想用于绿色建筑发展各领域，绿色建筑的选址设计、通风设计以及绿化设计水平便能够实现长足提升。例如，某绿色建筑结合传统民居思想开展了墙面绿化设计，而这一设计便实现了美化环境、净化空气、缓解热岛效应的目标，夏季空调能耗的降低也直观说明了传统民居思想在绿色建筑领域的应用价值。

第四节　绿色建筑基本理论与技术的应用

一、绿色建筑的基本理论

（一）绿色建筑的内涵

绿色建筑的内涵主要有以下两点。

（1）为使用者提供有益健康的建筑环境，并提供高质量的生存活动空间。

（2）最大限度回归自然，保护环境，减少能耗。

在人类对建筑物的建造过程中，这两者是相互矛盾的。人类为了创造舒适的生活及工作环境，就要通过各种手段向大自然索取资源。然而，只有索取而没有回报必然对自然环境造成无法挽回的损失。为此，人类索取与回报之间的矛盾，已成为绿色建筑的核心问题。

绿色建筑实际上是这样的一种实践活动：最大限度地利用天然条件并通过人工手段创造舒适的环境，同时又要严格控制和减少人类对自然资源的占有，确保自然索取与回报之间的动态平衡。

（二）绿色建筑的意义

绿色建筑这一概念是在全球范围内对环境问题的高度重视以及对生活与消

费方式的深刻反思的背景下而产生的。

建筑师跳出曾经习惯了的思维模式，开始从另一个角度重新审视建筑的意义所在，思考建筑所应担负的社会责任。虽然到目前为止，并没有足够理想的技术与材料支持绿色建筑的设计实践，但它的提出至少为未来建筑的发展指出了一个美好的方向。人们开始提出这样的问题：建筑师的社会责任以及建筑在保护和改善环境中所起到的作用是什么？正是基于这样一种背景，试图对这些问题给予回答，这也正是绿色建筑这一概念提出的最大意义所在。

（三）绿色建筑的价值观

绿色建筑这一概念的提出正是基于建筑领域中绿色人本主义价值观的觉醒，然而这种价值观从觉醒到占据主流地位，还需要经历漫长的时间，因此绿色人本主义只能成为未来绿色建筑存在的动力。而在现阶段，在工业、后工业文明的人类中心论占主导地位的时期，绿色建筑的发展不能仅仅建立在道德基础之上，经济杠杆此时此刻也扮演着重要的角色。

（四）绿色建筑在设计中的体现

对绿色建筑的理解与衡量标准将随着时间的推移而不断发展，但其基本原则不会改变，主要体现在以下四个方面。

（1）对自然生态环境的保护，节约能源，尽量减少对生物圈的破坏。

（2）对使用者生活工作环境给予更多的考虑。

（3）给人类与自然环境的沟通创造条件。

（4）面向未来发展具有足够的发展弹性空间。

二、绿色建筑技术的应用

（一）建筑布局

合理的建筑布局是降低建筑使用过程中的能耗的重要条件。如在一栋建筑的功能、规模、场地确定以后，建筑的朝向和外形将在极大程度上影响建筑能耗。一般认为，建筑体形系数小，单位建筑面积对应的外表面积就小，这样有利于降低采暖空调系统的负荷。住宅建筑的内部负荷相对较小，且基本稳定，外部负荷则起主要作用，因此，其外形设计应追求小的体形系数。然而对于内部发热量较大的公共建筑，夏季夜间的散热就非常重要，在特定条件下，适当增大体形系数更有利于节能。

（二）建筑围护结构

建筑围护结构热工性能的优劣，直接影响着建筑使用能耗的大小。在严寒地区，建筑围护结构的保温性能是一项非常重要的指标，在墙体的外面增加一层保温材料非常有效，保温层越厚，热工性能越优越。在夏热冬冷地区，对于建筑围护结构既要考虑冬季保温性能，又要考虑夏季隔热性能，两者间有时又会产生矛盾。从绿色建筑角度考虑，透明围护结构的热阻还是远远小于非透明围护结构的，更何况直接进入室内的太阳辐射在夏季常是空调系统的主要负荷，透明部分的外侧必须设计有效的遮阳方式（最好是卷帘、百叶窗之类的设置进行遮阳），以减小进入室内的太阳辐射量。由于透明围护结构的热工性能比非透明围护结构差，因此，从节能角度出发，应控制透明围护结构的大面积使用。

（三）室内环境控制技术

室内环境控制包括自然通风利用、自然光利用、空气处理系统的应用等，其中暖通空调系统的技术应用最为重要。各类空调系统的能效存在较大差异，建筑内部空调的合理分区对运行能耗的影响也很大，系统、科学地运行、管理对实际节能与否有相当重要的影响。公共建筑暖通空调系统的能耗至少占建筑总能耗的 50%，优化系统设计是节能的前提，系统的自动控制是节能的关键。目前，暖通空调系统基本上采用集散控制技术，系统节能效率达 30%。

（四）充分利用太阳能

太阳能是绿色能源中最重要的能源，是取之不尽、用之不竭、广泛存在的天然能源，其优点是极为丰富、洁净、安全、廉价。

（五）合理利用水资源

我国是水资源缺乏的国家，节水的关键措施还是“开源节流”。居民对水的消费主要是饮和用，其中饮食用水量约占总消费量的 5%，其余 95% 用于洗涤、排污等。在住宅小区，根据两种用途设置 A、B 两套供水系统。A 系统专供饮用水（包括冲茶、洗米、洗菜、煮饭等用水）。这个系统的水必须是符合饮用水标准的洁净水。B 系统专供使用水。这个系统的水应该循环使用。将住户洗菜、洗衣、洗澡水以及屋面雨水、地面雨水引入蓄水池内，进行过滤、净化、去污等物理、化学处理，再输入住户的“使用水管”，供洗地、洗车、绿化、水景、冲厕、排污等使用。这个系统的水循环使用，可节省大量的用水。

第二章 绿色建筑技术

第一节 建筑环保节能设计

一、建筑环保节能的设计原则

现代化经济建设及城镇化建设的发展，加快了建筑设计的步伐。如今我国已经提出了可持续发展理念，在发展社会经济的同时要注意节能减排，建筑节能也是这一发展理念的重要内容。建筑在建设过程中是耗能大户，在运行使用中也是耗能大户，因此在节能方面的潜力也很大。从建筑进行建造的整个过程来看，我们所从事的建筑设计仅仅是位于中间环节的一个子系统，然而从节能的全过程来看，建筑节能工程与十大节能工程中的绿色照明、节能监测、能量系统优化、政府机构甚至电机系统节能等密切相关。因此，在进行规划设计的时候，应以该地区的气候参数和建筑功能的要求为依据，在整体规划和个体设计中，科学合理地在多方面、多层次对建筑格局和周围环境进行较好的设计。全方位贯彻应用节能技术的措施，最大限度地减少建筑物的能源消耗，从而获得最佳的节能效果。

二、建筑环保节能的重要性

建筑环保节能的重要性主要体现在以下三个方面。

第一，有利于提高人们的节能意识。随着我国社会经济突飞猛进的发展，人们在节约能源方面的观念也发生了重大变化，在各类建筑中推广节能措施，可以使人们更加清楚地认识到我国能源缺乏的严峻现实，也更有利于加深人们对节能的认识和了解，从而改变以往的错误观念。

第二，有利于环境保护工作的顺利进行。社会经济的发展产生了较大的能耗，这对大自然也产生了非常严重的影响，如水质污染、大气污染、固体废弃物污染等愈加严重。建筑工程建设能耗极大，社会各界对建筑的节能也愈加关注，也开始采取各种各样的措施来发展建筑节能，以减轻由建筑工程建设产生的各种污染，从而推动环境保护工作的顺利进行。

第三，在一定程度上促进我国经济的发展。通过建筑节能来推动环境保护，贯彻可持续发展理念，更有利于我国国民经济的长远发展。众所周知，我国是能耗非常大的国家，人均资源匮乏也是制约我国经济更好发展的重要因素。而且我国建筑能耗大约占总能耗的 30%，所以建筑方面的节能是非常必要的，通过建筑节能来缓解我国的能耗问题，从而更好地推动我国经济的发展。

三、建筑环保节能设计措施

（一）需对建筑的朝向进行分析

要对建筑环保节能设计措施进行分析，首先就要考虑建筑自身的因素，也就是建筑的朝向和体形等。建筑的朝向直接影响建筑的内部采光和热量分布，所以在进行建筑节能设计时必须重点考虑建筑物的朝向问题。通常情况下，要想减小光照对建筑物的影响可以选取坐北朝南的设计方案。当然在进行建筑朝向的节能设计时还要考虑太阳高度和日照等因素，根据这些因素来确定建筑朝向的基本范围。另外，建筑的朝向对通风效果起着关键性的作用，所以在进行建筑朝向的设计时还要考虑到通风因素，一般情况下都是根据夏季风为主导风向来确定建筑朝向的，当然实际上建筑朝向的影响因素远不止这些，因此要充分考虑各种因素，从而确定最佳的建筑朝向。

（二）需对建筑的体形进行分析

建筑体形也是建筑节能设计需要考虑的重要问题，其对建筑能耗大小有着重要的影响，同时对建筑的节能效果也有着关键性的影响。所以建筑企业在进行建筑节能设计工作时必须重视建筑体形问题，要想在建筑体形设计上达到节能减排，必须严格按照建筑所处位置的实际情况和自然气候来确定建筑体形，不能一味地追求新鲜和潮流，越是简单的建筑体形反而越能起到更好的节能效果。对于建筑体形的节能设计主要就是进行建筑群体组合方式以及建筑体形选取的工作，通过选取最优的组合方式和体形来更好地发挥建筑节能效果。一般情况下，当建筑的体形或是建筑群组合方式不符合节能设计要求时还可以对其围护结构进行优化，通过优化建筑围护结构来实现建筑整体的节能效果。

（三）需对建筑的墙体进行分析

要提升建筑节能效果还必须对建筑墙体进行节能设计，因为墙体是建筑的外围护结构主体，是建筑最为重要的一部分，所以必须做好墙体节能。建筑墙体的节能主要是墙体材料上的节能，通过选用节能材料来提升墙体的节能效果。我国传统的做法是通过增大墙体的厚度来达到保温和挡风的效果，但是这种做法很显然是不合理的，现在复合墙体已经成为节能建筑墙体节能的主体。

（四）需对建筑的门窗进行分析

通常情况下，建筑的门窗一直都有着通风、围护以及采光的重要作用，在整体建筑节能和建筑艺术设计等方面也起着重要的作用。同时建筑门窗也是建筑能耗的主要产生部位，是建筑物中最容易损耗能源的部分，所以对建筑门窗的节能设计也是建筑节能设计的重要内容。对建筑门窗的节能设计主要是通过改善材料等工作来提高门窗的密闭性和保温隔热性的。

（五）实施绿化工程

在建筑节能中，绿化工程对节能建筑的室内温度和环境都有非常重要的影响，因此，在建筑的设计与施工过程中，一定要注意建筑周围的绿化建设。同时绿化区域能够吸收空气中的二氧化碳，减轻温室效应，而且对建筑周围的噪声也有良好的吸收作用，所以这也是一个效果比较明显的节能措施。

第二节　可再生能源利用技术

节能减排已成为当今社会发展的重中之重，是推动人类社会发展的基石。建筑是可再生能源应用的重要领域，在我国，太阳能、浅层地能和生物能等资源十分丰富，在建筑用能中前景广泛。目前，虽然我国太阳能光热利用、浅层地能热泵技术及产品发展比较迅速，但与建筑结合的程度不够，应用范围较窄，系统优化设计水平不高，实现大规模推广应用还存在差距，甚至存在一些区域性利用问题，需要大力进行扶持、引导，使其尽快达到规模化应用。

我国政府非常重视可再生能源的利用，并在加快应用步伐。传统的石化能源储量逐步减少，其对环境的破坏也有目共睹，能源需求的增加以及资源与环保问题不断迫使人们把目光投向可再生能源。可再生能源能够改变人类的能源结构，实现人类社会的可持续发展，其中太阳能、地能、蓄能技术以其特有的优势成为人类关注的焦点。因此，融合与开发现代最新的能源技术，对太阳能固面集热、低温集热、季节性蓄能、PCM蓄能、废水余热回收、地下高效换热与蓄能、系统集成与优化控制，以及设计、评价软件平台建立等工作进行系统研究是极其必要的。

一、国际发展状况与趋势

可再生能源的典型代表是太阳能。太阳能的辐射能量层出不穷，但太阳能集热效能是有限的，太阳能复合其他形式能源和实时储能是其高效利用的有效途径，但需进一步与建筑环境协调构成。国际上非常重视太阳能与其他能源的复合利用和创建新的集热形式，以及提高能源的综合利用率和经济性。

作为燃烧供热方式的替代，以岩土为基础的地下浅层能开发利用在国际供热供冷工程中得到了极大重视和发展，热泵可以实现节能环保和可再生能源的综合利用。在北方地区，土壤源热泵存在冷、热负荷失衡，导致地温逐年降低，影响长期运行效能，因此，需要融合包含地能、太阳能、余热能和蓄能的技术。实施地下蓄能已经成为众多国家解决地源热泵能源补充的有效途径。

考虑到瑞典、加拿大等国家与我国北方气候条件相近，在此引述这些国家的技术经验为例。2002年，瑞典在埃马布达（Emmaboda）工业园区开设40口200 m深地下换热器，利用太阳能和电力余热，实施地下蓄能，每年冬季供热量补充约1500 MW·h，夏季提供冷量约800 MW·h；在安娜堡（Anneberg）地区的商业住宅建筑中开凿了100个竖孔U形换热器，通过太阳能地下蓄能系统，吸收2400 m^{2}太阳能集热量，每年可弥补70%～80%的热量，地下换热器选择在岩体上设置，实现了地下岩体蓄能应用的尝试。2004年，加拿大在大学校区建成了大型的竖孔式地下蓄能与地源热泵应用系统，共384孔，孔深约213 m，可提供8个学校建筑设施供热和暖通空调系统应用。

日本熊本大学与藤田（Fujita）公司合作，对一座新建的运动场馆实施了地下蓄能和热泵技术。美国、德国以及许多北欧国家在分别将太阳能和地下蓄能用在建筑设施的同时，还开展了运动草坪暖地、路面融雪等更广泛领域的应用。实施太阳能集热器与建筑一体化技术研究计划，将阳台围护与太阳能集热统一，将遮阳屋檐与太阳能集热统一，甚至将外墙保温与太阳能集热统一，已经形成建筑构件型太阳能集热产品。

为了实现太阳能日间蓄能和电力调峰蓄能，国际上大力发展相变储能材料PCM，制成相变储能装置，如冬季相变材料可以发挥太阳能或余热储存的蓄热功能；夏季实现电力低谷时段冷量蓄存等。

废水余热在国际上一直被重视和开发利用，其中，瑞典、美国等国家开展了广泛的利用和研究，瑞典从 20 世纪 80 年代开始，就建设了大量的利用污水源热泵供热工程，成为国际上的典型代表。美国在户式局域废水余热利用方面走在世界前列，由美国橡树岭国家实验室、美国太平洋西北国家实验室开发的沉降膜换热系统，使低品位废水余热利用成为可能，并被美国能源部作为重点节能技术大力推广。此外，在北爱尔兰、英国、德国等国家都相继开展了研究和应用，并推动该技术的利用。目前，沉降膜换热系统可以达到 70% 的热量回收率，而且使用方便，成本低，成为极具发展前景的热量再生技术，成为国际能源经济协会重点推广应用的技术之一，建议在集体住宅、宾馆、饭店、浴室、洗涤房和娱乐场馆等推广应用。

事实上，无论是太阳能利用、废水余热利用、地能利用，还是地下蓄能、相变蓄能，近些年我国也开始了一些尝试性研究和应用，先后开展了一些探索性工作，尽管技术水平有限，但是开端良好。目前，更加需要一些关键的共性技术突破，整合和创新相关产品，优化系统，完善应用。

二、未来技术发展

（一）地下浅层能量利用技术

地球作为能量库，自身以年为周期实现能量循环平衡和冷热交替变化。地下冬暖夏凉，储存了理想的热源。当热泵运行时，不但能实现供热或供冷，还将伴随冷量或热量交替地下蓄存，夏蓄热，冬回取，冬蓄冷，夏回取，将地下分别作为冬季热库和夏季冷库，实现可再生能源的循环再生化利用。同时，地下又作为其他可再生能源（如太阳能）补充能量的巨大储藏库，通过地下浅层能量利用技术实施主动地下蓄能，如地下换热器技术、地下传热强化技术、地下换热系统布控技术等均可实现。

（二）太阳能利用技术

在东北寒冷地区，单独以地下浅层能量为热源，存在明显的冷、热负荷失衡，导致地温逐年降低，影响长期运行效能。因此，有必要采取补能措施，即实施主动地下蓄能技术。太阳能是最好的补充能源，可为季节蓄能（夏季蓄能，冬季用）和日间蓄能（白天蓄能，晚间用）提供能量。常规的太阳能集热热水技术受限于工程应用，所以研究重点开发适应建筑集成的新型太阳能固面集热共性技术，达到低成本化的应用目标。如热流体循环固面集热技术、固面内置式太阳能集热系统、建筑构件型太阳能集热系统、太阳能辐射低温利用技术、集热方式与布控技术等。

（三）废水余热回收利用技术

研制开发建筑低浊性废水余热回收热交换设备，实施余热能的可再生化利用，对区域建筑、宾馆、饭店、浴室、洗涤房等的利用都有广阔前景。废水余热回收利用技术作为生态建筑的关键技术包括低温回收技术、流体负荷分配优化技术等。

（四）再生能源与建筑集成热泵供热系统构建技术

优化地能、太阳能、余热能及季节性长期蓄能和日间短期蓄能等集成的复合能源系统，构建可再生能源与建筑集成的热泵供热系统技术平台，形成包括合理整合、设计和协调组织控制策略的关键共性技术，并在示范实验工程中应用和验证，达到可再生能源有效利用及建筑节能的目标。具体内容包括：多元复合能源系统设计，运行控制策略设计，地下热响应能确定，地下传热与蓄能分析，热循环流动、传热和蓄能设计分析，自然环境信息数据库设计，热泵匹配设计，系统分析软件平台设计等。

（五）实验开发及应用示范工程实施

涉及有关性能实验及实验应用示范两个实验层面，单项性能实验研究包括地能利用技术实验、太阳能利用技术研究和废水余热回收利用技术实验与装备研究；示范应用实验将在独立建筑上实施可再生能源热泵供热系统，验证研究成果，并能够作为实验基地，逐步开展可再生能源应用的延伸实验研究。

第三节　雨水利用技术

一、雨水利用的意义

雨水属轻污染水，简单处理后可用于市政杂用水、工业用水等。对雨水进行处理比回用生活污水更廉价，且公众可接受性强，是重要的开源措施，雨水利用具有较强的经济和生态意义。

第一，缓解水资源的匮乏、短缺，促进城市经济的可持续发展。

第二，随着城市建设的发展，大量建筑物和道路的出现使城市不透水地面面积快速增长，所需雨水管道、雨水泵站等设施的规模随之增大；同时，日益增长的雨水径流增大了汛期的出境水量，给城市防洪设施建设带来沉重的负担；雨水的排放还使城市地下水源因补给不足而枯竭，加重水危机。而雨水收集处理后回灌地下，不但能削减雨季洪峰流量，还能补充地下水。

第三，对于合流制城市排水系统，雨水利用可减少雨季溢流水量，减轻污水厂处理负荷，改善水体环境。

第四，有利于自然界水循环，保护地下水储备，防止地面沉降。

第五，雨水的储留可以加大地面水体的蒸发量，创造湿润的气候条件，改善城市水环境。综上，将雨水作为一种优质的水源进行开发并有效、合理地利用势在必行。

二、雨水收集利用及处理

（一）雨水的收集利用

雨水的收集利用，广义范围内包括大型水库的建设、河川径流的取用等。雨水收集的方式有多种，如屋顶集水、地面径流集水、截水网集水等。收集效率会随着收集面材质、气象条件（日照、温湿度等）以及降雨时间的长短等而有所差异。建筑工程中的雨水收集分三种情况进行：如果建筑物屋顶硬化，则雨水应该集中引入绿地、透水地面或引入储水设施蓄存；如果是地面硬化的庭院、广场、人行道等，则应该选用透水材料铺装或建设汇流设施，将雨水引入透水区域或储水设施中；如果地面是城市主干道等基础设施，则应该结合沿线绿化灌溉建设雨水利用设施。此外，居民小区也安装有简单的雨水收集和利用设施，雨水通过这些设施被收集到一起，经过简单的过滤处理，就可以用来建设观赏水景、浇灌小区内绿地、冲刷路面，或供小区居民洗车和冲洗马桶，这样节约了大量自来水用水，从而为居民节省了大量用水费用。

1. 小区雨水收集利用

屋面雨水一般占城市雨水资源量的 65% 左右，易于收集且水质较好，是城区雨水利用的主要部分。屋面雨水经雨落管进入初期弃流装置，初期弃流量约为 2 mm 降水，防止初期雨水中大量的污染物如 COD、重金属、挥发酚等对环境的污染。弃流雨水就近排入城市污水管道，并进入城市污水处理厂处理利用。

2. 城市硬化地面雨水收集

城市雨水可通过城市硬化道路、广场、停车场等区域进行收集，硬化地面雨水收集工程宜选在前方具有较大汇水面积、地面具有一定坡度的地区。

3. 城市绿地、花坛、园林雨水积蓄

在城市绿地规划设计和建设时，根据周边雨水流动特点，确定绿地的高低、坡度和集蓄水池的位置、大小与结构，以充分收集和蓄存雨水，为就地利用雨水创造条件。周边雨水径流进入绿地，经绿地蓄渗、补充消耗的土壤水分后，多余的雨水流入雨水储水池。

4. 雨水渗透收集

雨水渗透设施采用渗透管、井，以使地面的雨水能直接渗入地下。雨水渗透收集方法主要有散水法（渗水浅井、渗水管、渗水沟、渗水地面、渗水池）、深井法（干式渗井、湿式渗井）。

5. 雨水含水层储存及回收

这主要是收集城市暴雨径流及经处理的废水，将其回注到适当的含水层，以待日后回收再利用。回注前可用人工湿地截留处理暴雨径流。该工艺不但可以改进水质，还可提高水资源的持续性。

（二）雨水的输送

雨水的输送系统主要是指雨水的输水管道。在整个城市的雨水利用系统中，输送系统还包括城市原有的雨水沟、渠等。绿地雨水输送可用埋设穿孔管或挖雨水沟的方法；地面雨水经雨水口流入街坊、厂区或街道的雨水管渠系统，雨水管渠系统应设有检查井等附属构筑物。

（三）雨水的处理

雨水收集后的处理与一般的水处理相似，唯一不同的是雨水的水质明显比一般回收水的水质好。试验研究显示，雨水除了 pH 值较低（平均在 5.6 左右）外，初期降雨所带入的收集面污染物或泥沙是最大的问题所在。而一般的污染物（如树叶等）可经由筛网筛除，泥沙则可经由沉淀及过滤过程加以去除。

雨水属轻度污染水，经过简单处理即可达到杂用水水质标准。一般系统设过滤池还不能达标时，则需投加混凝剂或增加活性炭吸附等进行处理；或者在雨水回收路径上设初级过滤和终极过滤网、在入蓄水池前设小型沉淀池等。

条件允许时，可进行生物处理。雨水收集后先被集中到第一级人工池中过滤、沉淀；然后到第二个种有类似芦苇的水生植物丰富的湿地，经过这道工序后，雨水含氧量增加，可循环利用。

（四）雨水的存储

我国降雨时间分布极不均匀，特别是在北方，6—9月汛期多集中全年降雨的70%～80%，且多以暴雨的形式出现。要想利用雨水必须设一定体积的调节池存储雨水，调节池的体积应根据具体的集雨量和用水量具体确定。

（五）设置加压系统

为了减少占地面积及蒸发量，雨水储水池一般设在地下。这样一来，用水器具位置高于储水池水位，需要设置加压系统。单幢建筑雨水利用系统用水量变化较大，为节省能源可采用变频调速泵，在城市或小区雨水利用系统中，用水量相对稳定，普通加压泵即可。

三、雨水资源化方向分析

所谓雨水资源化就是通过规划和设计，采取相应的技术及工程措施，将雨水蓄积起来并作为一种可用水源的过程。

（一）加大城区雨水就地渗入量

绿地具有较好的渗水性，可以考虑将城区内的公园、苗圃、草坪等现有绿地改造成良好的渗水场地来接纳居民区和道路上的雨水径流，也可将现有的一些不透水地面更换成透水地面，如可在人行道上铺设透水方砖，步行道下面设置回填砂石，径流的低洼处铺设砾料渗沟、渗井等，增加渗水量。

（二）加大城市雨水的储存

建造城市雨水储存设施，汇集和储存城市雨水，将其处理后作为城市饮用水或非饮用水的水源，在一定程度上可以缓解城市供水的压力。

（三）利用雨水回灌补充地下水

地下水一般利用雨水、自来水或中水进行回灌。其中利用雨水补充地下水资源是最经济的，它不仅可以提高地下水水位、阻止或延缓地面沉降，还可以改善生态环境。

（四）利用雨水强化建筑屋顶绿化

城市建筑密集区域，利用雨水进行建筑屋顶绿化可大大增加城市绿化面积，

进而达到美化城市、净化城市空气、吸纳城市噪声、降低城市热岛效应、逐步改善城市生态环境的目的。

（五）截留雨水改善城市区域内水环境质量

我国城市区域内水环境质量普遍较差，地表水污染严重，绝大多数河段的水质已不能满足其功能的要求。如果能开挖一定容积的湖泊或加深加宽原有河流，截留大量的优质雨水，既能起到防洪的作用，又能对原有水体起到一定的稀释作用，提高整个水系的自净能力，从而改善地表水水质。

第四节　污水再生利用技术

目前我国已制定了污水再生利用系列标准，为再生水利用提供了技术选择依据。实际工程中应根据国内外技术发展现况和国内污水再生利用工程经验，针对再生水使用对象和国家再生水水质标准，选择相应的处理技术和工艺。但由于我国污水再生产业还处于起步阶段，国家建设资金缺乏、价格体系不健全、鼓励污水再生利用的政策不足，严重影响了城市污水再生利用的产业化进程。因此，研究污水再生利用的运营机制、管理体制和激励机制，是加快城市污水再生利用产业化进程的重要问题。

一、再生利用分析

（一）污水处理后回用作工业用水

污水在经过污水处理厂的处理后，被划分为几种级别。对于二级处理出水，可以直接用到工业加工中，也可以经过再一次的处理，使其达到更高的要求。运用到工业过程中，最普遍的用途就是工业冷却水，我国对污水处理厂二级出水用作工业冷却，有着大量的实验和研究，而且也存在使用成功的例子。

再生水在很多领域可以进行应用，如工业制造、城市绿化等。

（二）污水处理后回用作生活杂用水

污水处理后回用作生活杂用水。例如，以洗浴、盥洗等日常杂用水为水源，经过处理再到中水水质标准后，可以回用于冲厕、洗车、绿化等。为加大污水的再生回用，此技术可在城市中推广使用。

（三）污水处理后回用作农业灌溉

在我国北方地区，城市污水和工业废水经过处理后回用，已经成为某些郊区农田（包括菜田、稻田和麦田等）灌溉用水的主要水源之一，取得了一定的经济效益，可以改良土壤结构，增加水分和肥分，使作物增产。但是如果使用了没有彻底处理的废水进行灌溉，会导致农田恶化和农业减产，地下水、土壤和农产品受污染。

二、再生利用技术选择的原则

污水再生利用工程中，单元技术一般很难保证出水达到再生水水质要求，常需要多种水处理技术的合理组合。目前，人们普遍采用常规处理工艺，即混凝→沉淀或澄清→过滤→加氯消毒，该工艺能够有效地去除二级处理出水中的悬浮物、胶体杂质和细菌，使再生水拥有广泛的适用范围，从而具有更好的经济价值。但是该工艺有一定的局限性，它不能有效地去除色度、浊度、臭味和溶解性有机物，且氯化消毒过程会导致有机卤化物的形成。为了满足不同用户对水质的不同要求，许多新技术被应用到污水再生利用工程中，与其他水处理技术一起组成了许多新工艺。如以膜技术为主的组合工艺：二级处理出水→混凝→沉淀→膜分离→消毒，应用较广的膜技术有微滤膜（MF）、超滤膜（UF）、纳滤膜（NF）和反渗透膜（RO）等。以活性炭技术为主的组合工艺：二级处理出水→活性炭吸附或氧化铁微粒过滤→超滤或微滤→消毒。氨吹脱和臭氧氧化等技术被用来满足对再生水水质的特殊要求。不同的单元技术具有去除特定污染物的功能，在技术选择时应注意以下基本原则。

第一，应对再生水水源严格控制。再生水水源应以城镇生活污水和二级处理出水为主，与生活污水类似的工业废水也可作为再生水水源，前提是排污单位对其进行了有效的预处理，达到相关标准后排入城镇下水道。重金属、有毒有害物质超标的污水不得排入污水收集系统，不得作为再生水水源。严禁放射性废水作为再生水水源。

第二，应满足再生水利用的变化要求。在选择再生水利用技术前应详细分析不同回用对象的用水量和水质要求，分析不同回用对象用水量的年际变化、月际变化及日变化，以保证技术选择满足再生水使用量的变化。

第三，应充分考虑再生水使用的安全性。再生水处理技术应确保公众、操作人员的健康安全以及周边的环境安全，尤其要有效地控制病原菌的污染和传播。

第四，应满足再生水利用的标准要求。污水再生利用技术应确保处理出水达到国家和地方规定的再生水水质标准，保障再生水供水的可靠性和安全性。

第五，应充分考虑技术的合理性和经济性。污水再生利用技术选择与工程实施要考虑国情、实际条件和用户需求，还要综合考虑污水再生利用规模、处理程度、处理流程、输水方式、使用用途等，既要满足相应要求，又要经济合理。

第六，应尽可能在二级处理阶段将氮的去除达到再生水使用的要求。在目前的技术条件下，氮的去除主要依赖生物处理技术。常用的再生水深度处理技术对有机物、SS 和磷的去除技术较多，处理效果较好，除反硝化滤池外其他技术对氮的去除效果都有限。因此，氮的去除应尽可能在二级处理过程中通过强化脱氮技术来实现，必要时应对污水处理的二级处理进行强化生物脱氮改造。

第五节　建筑节材技术

一、建筑节材措施

（一）建筑工程材料应用技术

在建筑工程材料应用技术方面，建筑节材的技术途径是多方面的，如尽量配制轻质高强的结构材料，尽量提高建筑工程材料的耐久性和使用寿命，尽可能采用包括建筑垃圾在内的各种废弃物，尽可能采用可循环利用的建筑材料等。近期内较为可行的技术如下。

（1）可取代黏土砖的新型保温节能墙体材料的工程应用技术，如外墙外保温技术、保温模板一体化技术等。该类技术可以节约大量的黏土资源，同时可以减小墙体厚度，降低墙体材料消耗量。

（2）轻质高强建筑材料工程应用技术，如高强轻混凝土应用技术等。高强轻质材料不仅本身消耗资源较少，而且有利于减轻结构自重，可以减小下部承重结构的尺寸，从而降低材料消耗。

（3）以耐久性为核心特征的高性能混凝土及其他高耐久性建筑材料的工程应用技术。采用高性能混凝土及其他高耐久性建筑材料可以延长建筑物的使用寿命，减少维修次数，所以在客观上避免了建筑物过早维修或拆除而造成的巨大浪费。

（4）低水泥用量高性能混凝土的工程应用技术。降低混凝土中的水泥用量将产生多方面的积极意义：节约水泥生产所消耗的石灰石等自然资源，减少水泥生产过程中的废物排放量，有利于环保等。

（5）工业废渣（包括建筑垃圾）在建筑工程材料中的应用技术。其包括粉煤灰、矿渣、煤矸石、稻壳灰、淤泥、各种尾矿、废弃混凝土以及其他建筑垃圾等的应用技术。我国在这方面已经积累了很多宝贵的技术经验，如工业废渣在水泥、混凝土或砂浆中的成功应用，使得建材工业成为工业废渣的综合利用大户。目前，我国应该进一步提高工业废渣综合利用技术水平，进一步提高建筑工程材料中工业废渣的应用比率，以减少建筑材料对自然资源的占有率。

（6）人造骨料、再生骨料在混凝土中的工程应用技术。天然砂石资源已经不容我们无节制地开采下去了，寻找天然骨料的替代骨料将是节约天然砂石资源的有效途径。

（7）废弃砖瓦在建筑工程中的再生利用技术。城市老建筑和小城镇建筑中有相当一部分属于砖混结构，这些建筑报废后产生的大量废弃砖瓦将可以重新回到建筑工程中去。

（8）废弃植物纤维在建筑工程材料中的应用技术。废弃植物纤维主要是指农作物秸秆、废弃木质材料、废弃竹子等。废弃植物纤维是一种具有多种用途的可再生生物资源。我国是一个农业大国，农作物秸秆资源十分丰富，稻草、小麦秸和玉米秸为三大农作物秸秆。废弃植物纤维由于具有很多良好的性能，在建筑材料中应用具有一定的性能潜力。例如，我国已经开始探索采用廉价的废弃植物纤维作为主要原材料之一，开发研究绿色环保型植物纤维，增强水泥基建筑材料及其应用综合技术。

（9）采用商品混凝土和商品砂浆。例如，商品混凝土集中搅拌，比现场搅拌可节约水泥 10%，减少砂石现场散堆放、倒放等造成的损失为 5% ～ 7%。

（二）建筑设计技术

（1）设计时采用工厂生产的标准规格的预制成品或部品，以减少现场加工材料所造成的浪费。这样一来，势必逐步促进建筑业向工厂化、产业化发展。

（2）设计时遵循模数协调原则，以减少施工废料量。

（3）设计方案中尽量采用可再生原料生产的建筑材料或可循环再利用的建筑材料，降低不可再生材料的使用率。

（4）设计方案中提高高强钢材使用率，以降低钢材消耗量。

（5）设计方案中提高高强混凝土使用率，以降低混凝土消耗量，从而降低水泥、砂石的消耗量。

（6）采用有利于提高材料循环利用效率的新型结构体系，如钢结构、轻钢结构体系以及木结构体系等。钢结构建筑在整个建筑中所占比重，发达国家达到50%，但我国却不到5%，差距巨大。但从另一个角度看，差距也是动力和潜力。随着我国“住宅产业化”步伐的加快以及钢结构建筑技术的发展，钢结构建筑发展将逐渐走向成熟，钢结构建筑必将成为我国建筑的重要组成部分。木材为可再生资源，属于真正的绿色建材，发达国家已经开始注重发展木结构建筑体系。

（三）建筑施工技术

建筑施工中应尽可能减少建筑材料浪费及建筑垃圾的产生。

（1）采用科学严谨的材料预算方案，尽量降低竣工后建筑材料剩余率。

（2）采用科学先进的施工组织和施工管理技术，使建筑垃圾产生量占建筑材料总用量的比例尽可能降低。

（3）加强工程物资与仓库管理，避免优材劣用、长材短用、大材小用等不合理现象发生。

（4）大力推行一次装修到位，减少耗材、耗能和环境污染。目前，提供毛坯房的做法已经满足不了市场的需求，也不适应社会化大生产发展趋势。住宅的二次装修不仅造成了质量隐患、资源浪费、环境污染，也不利于住宅产业现代化的发展。提供成品住宅，实现住宅装修一次到位，将是建筑业的发展主流。

（5）尽量就地取材，减少建筑材料在运输过程中造成的损坏及浪费。

二、建筑全寿命周期概念上的建筑节材

建筑业作为一个庞大的系统工程，建筑节材同样也是一个系统工程，建筑节材涉及建筑过程的各个环节。基于这一思想，近年来人们提出了建筑全寿命周期（物料生产、建筑规划、设计、施工、运营维护及拆除、回用过程）概念上的建筑节材，即在建筑全寿命周期中实现高效率地利用各种资源（包括能源、土地、水资源、建筑材料等）。然而，如何真正实现全寿命周期意义上的建筑节材，还有很多工作需要去研究探讨。可以预见，随着科学技术的不断进步和全社会节约意识的不断提高，未来的建筑节材技术将朝着智能化系统实施、智能化系统评价、智能化系统管理的方向发展。

第六节　装配式建筑技术

现阶段，由于种种因素的影响，人们对建筑行业进行的建筑施工有着不同的需求，如在一些情况下需要施工单位能够有较快的施工速度，并且在保证施工能够具有较高效率的同时，还需要工程建筑能够具有良好的安全质量，而在传统的建筑施工中，要想达成这一目标是极有难度的。但随着建筑行业的不断发展，逐渐涌现出了一大批先进的技术，使得建筑施工能够更好地满足不同人群的不同需要，而在众多的新型技术之中，现代化的装配类型建筑技术就能够很好地满足人们对于建筑效率以建筑质量的要求。

一、装配式建筑技术分析

这种新型技术就如同它的名称一样，在使用该技术进行施工时只需要对已经加工完成的建筑部件进行拼装即可。高质量部件的生产、加工全部在工厂中完成，这样就能够最大限度地优化传统施工建筑中存在的施工速度慢、施工强度大、施工环节复杂等问题，并且工厂在进行相关建筑部件生产制造的时候，能够应用现代强大的计算机技术，使得部件建造能够充分地参照用户的意愿进行设计，这样不仅能够保证建筑的质量，还能够有效地保证建筑物的美观程度，同时也就能够使得居民获得良好的居住体验。

由于装配式建筑领域刚刚起步，建筑施工建设中一般情况下会使用轻钢材质以及各种新型材料作为主要的构成材料，这些材料的选择是经过大量的试验分析验证的，所以使用这些材料建成建筑物之后，往往在保温、降噪、防虫、降低能耗、防潮方面表现出了极其强大的功能。而在实际的建筑施工建设中，由于各个工程具体的施工建设环境不一样，所以为了能够使装配式建筑方式在不同的工程中发挥出效果，施工人员开发出了具体的建筑类型的装配式建筑技术，如砌块类型的装配式建筑技术、板材类型的装配式建筑技术、盒式类型的装配式建筑技术、骨架类型的装配式建筑技术等，通过这些不同的使用方式能够有效地保证不同施工环境中的工程质量。

（一）砌块类型的装配式建筑技术

在施工建设过程中运用这种技术，一般情况下会事先将相应的施工材料制造成块材，块材运送到施工现场就能够直接进行相应的施工建筑。一般情况下进行建筑物建造的时候，这种技术只适用于建设层数在三层到五层的建筑物，此时这种施工技术能够具有良好的施工效率，并且还能够保证施工的便捷性以及安全性。更为重要的是，在进行块材生产的时候，可以使用一些工业废料或者生活废料作为原材料，这样就能够在发展建筑业的同时，做好环境保护的工作。

（二）板材类型的装配式建筑技术

板材建筑由预制的大型内外墙板、楼板和屋面板等板材装配而成，又称大板建筑。它是工业化体系建筑中全装配式建筑的主要类型。板材建筑可以减轻结构重量，提高劳动生产率，扩大建筑的使用面积，增强防震性能。建筑的内墙板多为钢筋混凝土的实心板或空心板。

（三）盒式类型的装配式建筑技术

盒式类型建筑是在板材建筑的基础上发展起来的一种装配式建筑，这种建筑工程化程度很高，现场安装快。一般不仅在工厂完成盒子的结构部分安装，而且内部装修和设计也都安装好，甚至连家具、地毯也一概齐全。

（四）骨架类型的装配式建筑技术

骨架类型的装配式建筑结构由预制的骨架和板材组成，其承重结构一般有两种形式：一种是由梁柱组成的承重框架，再搁置楼板和非承重的内墙外墙板的框架结构体系；另一种是由竹子和楼板组成的承重板材结构体系。

二、装配式建筑的功能与特点

（一）设计多样化

目前，住宅设计和住房需求脱节，即承重墙多，开间小，分隔死，房内空间无法灵活分割。而装配式房屋，采用大开间灵活分割的方式，根据住户的需要，可分割成大厅小居室和小厅大居室。住宅采用灵活大开间设计，其核心问题之一就是要具备配套的轻质隔墙，而轻钢龙骨配以石膏板或其他轻板恰是隔墙和吊顶的最好材料。

（二）功能现代化

（1）节能，外墙有保温层，能最大限度地降低冬季采暖和夏季空调的能耗。

（2）隔声，增强了墙体和门窗的密封功能，且保温材料具有吸声功能，使室内有一个安静的环境，避免外界噪声的干扰。

（3）抗震，大量使用轻质材料，减小了建筑物重量，增强了装配式的柔性连接。

（4）防火，使用不燃或难燃材料，防止火灾的蔓延或波及。

（5）外观不求奢华，但立面清晰而有特色，长期使用不开裂、不变形、不褪色。

（6）为厨房、厕所配备各种卫生设施提供有利条件。

（7）为改建、增加新的电气设备或通信设备创造可能性。

（三）制造工厂化

传统建筑物外表面，依靠现场施工制成多种美观的图案，粉刷彩色涂料不仅出现色差而且久不褪色，是十分困难的。但装配式建筑外墙板通过模具，机械化喷涂烘烤工艺就可以轻松做到这点。木窗、钢门窗、薄壁铝门窗日渐淘汰，塑钢门窗正在兴起，其制造工艺也更为先进；散装保温材料完全被板、毡状材料替代；屋架、轻钢龙骨、各种金属吊挂及连接件，尺寸精明，都是机械化生产的；楼板屋面板为便于施工也应工厂预制；室内材料如石膏板、铺地材料、天花吊板、涂料、壁纸等都要经过复杂的生产流水线才能制造出来。工厂在生产过程中，材料的性能诸如耐火性、抗冻融性、防火防潮、隔声保温等性能指标，都可随时进行控制。

第三章 绿色施工技术

第一节 基坑施工降水技术

根据住房和城乡建设部的统计，我国实际新增大型建筑工程每年比前一年都超过了 11%，建筑工程成为活跃经济社会发展的一个重要方面。但是，在当前建筑工程施工建设中，影响因素非常多，需要综合分析与研判，尤其是高层、超高层、地下开发等的工程建设对施工技术要求尤为严格，一旦出现施工技术等应用方面的问题，将会严重影响施工进度及质量安全。分析发现，基坑施工降水方案的设计是一个重要影响方面，对建筑工程施工的选配有着根本性的影响，结合具体施工来看，明确降水及排水的模式、井深数据信息、井位的选配等，有助于方案的优化设计，对基坑降水操作管理也有着重要意义。

一、建筑工程基坑降水施工设计的基本目标及基础性方法

在对建筑基坑施工设计进行全面作业分析时，需要有较为精准的施工作业模式，对基坑地面以上空间的设计分配给予足够的重视，充分考虑建筑地面作业实际情况，这样才能确保后续坑井在位置选择上的科学合理，从而有效推进建筑基坑作业面的各项施工，整个施工作业的设计空间才能满足基本需要，所有的设计环节才能符合行业标准要求。在对排水法、堵水法等模式进行确定的时候，需要对建筑工程施工的所有阶段过程以及作用水平进行深刻分析。以严格的降水操作标准为指导，实现对地下水面整体处理的有效把握，确保基坑施工作业整体操作模式在应用上落到实处。

通过对建筑基坑降水进行设计，实际要达成的目标就是确保施工开挖作业过程中必要含水及排水得到基本满足，这样才能减少流砂以及渗漏等情况，这

样基坑开挖作业整体的操作项目也才能安全进行。

当前，对基坑降水进行测试最为常用的方法有三种。一是通过电渗透对井点的位置进行确定，测试费用开支比较高。此方法在对普通基坑进行设置时不合适，普遍适用于黏土材质以及淤泥等的测定。二是对轻型井点的测定，这样能够将水位有效降低。结合基坑实际深度，对深挖的比例关系进行科学调整，可以从位置以及外侧标准上对基坑进行合理确定。选择成效性明显的加固土体模式进行操作，能够加强测定的效果，但对于黏土层而言这种方法不适用。三是对喷射井点进行测定，这种方法对于加高的土层非常适用，尤其是砂土层，这种方法在辅助性降水效果操作上比较适用。

二、建筑工程基坑施工的作业特定分析

从基本作业情况对基坑工程进行全面分析，有必要对建筑物地下结构模式进行科学、安全的操作。从整体工程系列模式的层面进行把握与推进，包含的操作步骤比较多，涵盖了降水、支护、填埋等，每一个环节都需要给予足够重视。结合基坑工程施工作业基本情况，对施工产生的力度进行合理测定分析，才能对结构模式、环境标准等内容进行科学界定。以更为全面的标准为指导，对施工中的影响因素进行优化，明确设计理念，加强对实际操作以及经验层面的管控，从而保障基坑测定的基本成效。

三、建筑工程基坑降水方案的设计实施

（一）对设计方案标准进行明确

对于建筑工程而言，标准非常重要，直接决定着建筑施工的规范化、标准化。需要全面考虑基坑降水的基本情况，这样才能确保位置选定的科学性。例如，在基坑降水的施工方案中，施工对象是一栋靠近水边的楼体，实际的施工面积是 4 万 m^2，地下空间还设计了两层。楼体设计主要以框架模式剪力墙结构为标准。在楼体地下室施工当中，需要注重防水结构的设置，在地下室防水材料的选择上，需要使用 SBS 改良性的沥青防水卷帘材料。为了确保施工的顺利进行，需要明确防水操作的基本质量标准以及施工基本目标，同时配合人工降水操作，这样才能有效规避地下空间中可能的渗漏水情况。

（二）方案设计分析

在建筑工程施工作业中，对基础施工标准需要进行深入研究，以确保施工

方案的科学性，这对施工质量有着决定性影响。在开展基础性施工中，对施工的标准及各个过程需要高度重视，对可能存在的问题隐患等进行分析。在进行基坑降水操作时，必须严格遵守建筑工程施工质量标准等各项管控措施，对于占用空间明显偏大的建筑物施工操作要精细把握。通过基坑降水方案的有序实施，可以对施工标准进行充分的完善。一般选择的施工方法是将真空深井与轻型浅井结合起来。以基坑当中角位置为参考，对等级标准进行确定，这样的边坡位置的确定会更加科学。

（三）施工工艺设计分析

在对沟槽进行开挖作业时，需要结合基坑边坡的实际位置，进行科学的布局。以层位置为切入点，对井点的标准进行确定，这样真空深井选配标准才能得到有效开启，在实际运行中成效会更加明显。在对地下空间一层位置进行施工时，布置点的选择一定要合理。对过滤长度的确定，需参考井点的管道长标准。对沟槽内的深度布置为 1.5 m，轻型井点的降水在处理上选择总标准，对自流井具体开挖的深度进行确定，以此把握内部支架排水管控标准。以轻型井点具体位置为参照，这样可以明确地下一层土方开挖的模式，进而明确边坡设置井点位置以及抽水当中的链接性，这对于负一层后续阶段的施工具有一定的指导作用。结合土方开挖的特点，对地下空间进行井点作业面操作，一次明确施工区域的井点位置，这样降水操作模式才能更好把握，不同点位的抽水处理也才能更加到位。

（四）轻型井点、真空管井的实际施工标准方法

在垂直插入模式的调整上，需要对施工当中受到冲击的位置进行考虑，这样上下之间摆动的效果才能得到确定。通过填土溶解快速进行操作，可以做到一边冲一边下沉的处理，冲孔的深度需要控制在 500 mm，严格把握过滤管等周边位置的过滤成效。在完成了冲孔之后，需要对管中的灌注砂浆等进行调整，把握好控制高度，在确保水流正常后进行抽水操作。对于整个运行的系统需要进行检查，确保不存在漏气现象，对于井点之间的操作需要确保连续进行，对于电动机以及电源等也需要确保运行的流畅性。在真空管控井施工过程中，对于钻孔的基本效果需要认真把握，通过正循环的方式进行处理操作，对于钻头位置结合实际需要随时进行调整，这样成孔的口径位置才能得到保障。

（五）降水结果的分析

在对降水进行操作时，对于地面以及井口等的位置需要及时进行调整，这

样才能确保静态水的位置以及测定模式。参照抽排水实际需要，选择合适的采集系统，确保一线过滤或者排水的基本成效，减少流水在局部范围渗漏情况的发生，把对降水的影响降到最低。对于雨水进入深坑的情况应当尽量减少。在对基坑进行开挖之前，需要满足10天的降水需要，在降水上需要符合正常顺序，对于基坑开挖的相关数据做好整体操作，以此实现对所有数据信息的有效监测。对于降水操作过程中可能出现的水泵调整、修复等需要进行认真分析，做好各项数据的记录事宜。

四、基坑降水施工操作的技术应用

基坑降水施工操作的技术应用：对施工标准进行有效调整，以精准把握施工降水回收再利用的模式；综合考虑建筑工程的基本特点，对基坑作业模式等进行调整，明确操作的基本流程，形成能够经受考验的操作标准。对操作模式的调整，需要与施工现场的推进情况结合起来，这样才能使调整更加科学、合理，相关的操作标准也需要不断地进行优化与完善，这样才能更好地推动建筑工程的顺利实施，满足现代复杂建筑工程施工建设的技术应用要求。

第二节　施工过程水回收利用技术

建筑基坑降水工程地下水回收再利用技术对整个建筑工程建设起着十分重要的作用，从工程本身来讲，基坑降水工程能够有效提升基坑稳定性，避免出现管涌或流砂等问题，从而保障施工质量；而且通过地下水回收再利用，可以提高施工中资源的利用效率，减少水资源浪费，不仅实现了工程建设的经济效益，也实现了生态效益与社会效益。

一、技术背景分析

我国幅员辽阔，各地区地下水分布情况存在很大差异，很多建筑工程选址在地下水位相对较高的地区，对于这类地区的施工，基坑开挖部分则容易出现基坑进水、影响施工条件等问题，所以不得不通过基坑降排水工程，减少水资源对地基承载力的影响，避免管涌、流砂等问题的出现，从而提升基础工程部分的质量与稳定性。通过划定一定的区域范围，进行开采与收取地下水，导致特定范围内的地下水水位下降，被称为降水工程。通常情况下降水工程会不间断地进行地下水开采，开采过程时间较长，与建筑项目建设时间高度重合，但是大多数情况下，开采的水资源并未得到合理的利用，而直接进入市政的污水管网中流入河流或明渠。而建筑工程建设本身的需水量较大，加上近年来国家所倡导的可持续发展，要求建筑行业降低生产过程中的资源消耗，提高能源的利用效率，因此，出现了基坑降水工程地下水回收再利用技术，通过对降水工程中开采的水资源进行处理，应用到建筑工程混凝土养护、砌筑抹灰、消防、城市绿化、施工现场降尘等事项中，保障水资源得到合理利用，缓解当前水资源紧张的现状，并实现建筑工程的社会效益以及生态效益，提高建筑行业整体发展的综合竞争实力。

二、建筑基坑降水工程地下水回收再利用技术关键点

（一）利用水资源自身效果，实现上层滞水自渗到下层潜水层

水资源具有渗透性，在建筑工程基坑降排水施工中，基坑上层部分经常出现滞水情况，而随着时间推移，上层滞水可以自动渗入下层潜水层当中，可以重新回灌到地下水中。基坑降水工程地下水回收再利用率的计算公式为

$$R=K\times(6Q_1+q_1+q_2+q_3)\times 100\%/Q_0$$

其中，K 表示损失系数（范围为 0.85 ～ 0.95），Q_1 表示回灌至地下的水量，Q_0 表示基坑涌水量，q_1 表示现场生活用水量，q_2 表示现场洒水控制扬尘用水量，q_3 表示施工砌筑抹灰涌水量。

在工程施工过程中，根据降水工程的最低要求，需将地下水位控制在开发基坑面以下，但在这种情况下，原水位土体的自重应力将会有所增加，强化土体固结，若未得到有效的控制，将会出现土地开裂、不均匀沉降等问题。为了避免这种情况的发生，利用上述公式对开采地下水的利用率进行计算，再配合回灌技术保障地下水资源得到充分利用。

一方面，施工中要合理布置降、灌井点。降水井布置过程中，要以基坑为中心，尽可能围绕基坑展开布置，避免中间过于集中，并尽量选择补给方向的位置。但实际的布置还要根据施工现场地质情况来决定，确定位置后，要将滤水器埋置在砂层较厚或砂卵层的位置，以有效提升出水能力。井点位置确定后，在具体的施工过程中利用钻探技术达到要求的深度后，根据洗井时间的长短，控制钻进距离，每次钻进 2 ～ 3 m，从而降低洗井的难度，避免泥浆沉淀过厚影响水资源开采。洗井的时间不宜过长或过短，更不能在完成施工后统一进行洗井，洗井要与钻进同时进行，完成钻孔后，在安装井管前，利用潜水泵与压

缩空气等设备联合进行 2 ～ 3 次的洗井，洗井后迅速安装井管，并做好后续处理工作。在布置回灌井滤管时应考虑到将井管底部与回灌水丘顶部相连接，布置后呈梅花形，滤管外应用密目网重新缠绕三层，保障管网牢固。回灌井在使用过程中必须进行冲洗工作，将回灌管中注满水，然后利用井泵抽出，反复进行 2 ～ 3 次，为了避免出现注水直接回到降水井点的情况，降水井与回灌井应至少保持 6 m 的距离。

另一方面，抽水与回灌。抽水与回灌主要是借助水泵来完成的，为了有效提升施工效率，应选择与出水能力相匹配的水泵型号，但是需要注意的是，大型水泵无法实现连续抽水，所以现场应准备多种型号的水泵，根据现场实际需要进行应用。为了保障抽水的连续性，施工现场应建立巡检制度，每天至少 3 次查看水泵运行情况，出现异常及时进行处理，始终要保持水泵处于正常运行状态。此外，根据回灌注水压力选择水箱，如果水压力在 0.5 个大气压以上，则要使用高位水箱，这样可以利用水位差重力实现自流灌；回灌水尽量抽取地下原水，但是抽出后要对水质进行检测，避免有毒有害物质、污染物质的侵入。

（二）将开采水资源集中存放、管理及利用

基坑降水工程水回收再利用技术主要是通过抽取地下水，用于施工现场作业、城市公共用水、生活用水等，提升对水资源的利用效率，所以尽量实现开采水资源的集中存放、管理以及利用。一方面，施工现场应设置蓄水池，将降水井中抽取的地下水通过基坑的排水工程共同存放到蓄水池中，施工作业中可以集中对水资源进行支配，如冲洗运土车、降尘等，水被利用后存于地表形成滞留水，随着渗透逐步深入地下潜水层，回灌到蓄水池，实现循环再利用。另一方面，根据计算公式对现场水资源的回收量进行计算，制作相应体积的水箱，放置在收集水管的入口处，并连接降水水管，再根据水压计算蓄水箱的高度，回收后的水资源直接进入蓄水箱，可以通过水箱的溢流口进入马桶冲水水箱中，为马桶冲刷提供水资源。此外，水闸口还可以与其他用途水管连接，作用到施工作业的方方面面。

综上所述，在建筑工程建设中，合理地提高水资源利用效率，降低工程建设总体的资源消耗，能够有效地提升工程建设的经济性与合理性，对实现行业的可持续发展、绿色发展都有着重要意义，但是要保障回收再利用水管网的布置科学、合理，并考察实施回收再利用的条件，保障水资源的安全与健康。

第三节　预拌砂浆技术

预拌砂浆是由专业化厂家生产的，用于建设工程中的各种砂浆拌和物，是我国近年发展起来的一种新型建筑材料。按性能可将其分为普通预拌砂浆和特种砂浆，按拌制方法分为干拌砂浆和湿拌砂浆。20 世纪 50 年代初，欧洲国家就开始大量生产、使用预拌砂浆，至今已有 70 多年的发展历史。

近年来，随着国家对环境保护要求的提高以及对建筑业施工文明程度的重视，预拌砂浆具有的节约资源、保护环境、提高建筑工程质量、实现资源再利用等方面的优良性能，已逐步被人们认知和重视，取代传统砂浆已成必然趋势。

一、预拌砂浆的特点

（一）种类丰富

随着建筑行业的蓬勃发展及新型建筑材料种类的日益繁多，尤其是新型节能墙体材料的广泛应用，如蒸压加气混凝土砌块、多孔烧结轻质砖、轻集料混凝土空心砌块等，不同材料的性能特点以及制品结构、尺寸等对砂浆的要求也不同，可以按照工程部位及不同材料施工要求设计生产出不同种类的砂浆。

（二）产品性能较高、品质稳定

传统现拌砂浆容易受骨料原材料质量的影响，如级配不良、含泥量较高等，现场施工人员由于技术熟练程度不足、计量设备不准确、分散搅拌设备不专业、较少使用外加剂等常导致砂浆泌水量大、收缩率大，容易出现裂缝、空鼓和渗透等问题。而预拌砂浆的产品性能高、品质稳定主要体现在以下三个方面：①生产企业具有稳定的材料来源，水泥、集料、外加剂等原材料性能均可在实验室进行检测，预拌砂浆生产原材料的质量有所保证；②生产企业进行集中化生产，具有完善的质量控制体系，使用科学、严格的生产配方，通过掺入高性能的外加剂，经过准确计量和一定的生产工艺，可精确地达到预期设计的性能；③具有长期进行预拌砂浆生产工作的试验员及监督员对预拌砂浆生产过程进行实时把控，及时发现问题和采取措施，进一步保证预拌砂浆的产品性能稳定。

（三）绿色环保、节能减排

预拌砂浆生产具有成套的生产设备及工艺，原材料损耗较现拌砂浆大幅度

减少，还可通过调整配方及生产工艺，集中利用大量建筑废弃物或工业废渣，避免现场搅拌带来的粉尘、噪声等环境污染。有关调查显示，生产 1 t 预拌砂浆与传统现拌砂浆相比，可节约水泥 43 kg、石灰 34 kg、砂 50 kg、标准煤 9 kg，从而减少排放二氧化碳 90 kg、粉煤灰 85 kg，现场使用时原材料损耗可降低 7% ~ 9%，在运输过程中也能有效降低“跑、冒、滴、漏”等污染，整体来看在节约原材料、节约能耗、减少废气排放、废弃物利用等方面具有明显的效益。

二、预拌砂浆的施工技术

（一）搅拌方式

经过计算机控制，对使用到的水泥、砂、粉煤灰、保水增稠剂、减水剂、引气剂等多种材料进行精确的计量混合，从而可制作出预拌砂浆成品。传统的人工搅拌方式已经无法将各种原材料和水充分混合均匀，因此为达到砂浆的最佳性能，必须使用机械搅拌，搅拌时间以 3 min 为宜，此时砂浆的和易性最好，搅拌完后静置几分钟再使用。

（二）砂浆开放时间

受工地吊料设备使用限制及吊料高度的影响，工地上在砂浆施工时往往早上一次吊运大量搅拌好的砂浆到各施工现场，而随着工人施工作业的进行，砂浆拌和物中的水分开始挥发，水泥等胶凝材料开始发生水化反应，搅拌好的砂浆会开始慢慢凝结，当工人感觉砂浆的稠度较低时会继续加水搅拌，二次加水搅拌会增大砂浆的水胶比，降低砂浆强度。预拌砂浆的配比是生产厂家根据季节变化适时调整的，冬季会添加早强组分，迅速提高砂浆的早期强度，避免受冻，夏季则会添加缓凝组分，避免砂浆在高温环境下快速凝结，延长操作时间。砂浆中的保水组分也会锁住砂浆中的水分，使其不至于过快蒸发。因此，夏季施工时不需要像传统砂浆那样，操作时间稍长就频繁二次加水拌和使用。

（三）预拌砂浆不得添加其他材料

传统砂浆的混合材料主要是由石灰、砂和水泥混合而成的，这种砂浆的质量比较低，不能满足施工要求，搅拌过程中施工工人往往会额外添加其他材料来提高施工性能，也有部分工人会贪图施工便利向砂浆中添加砂浆王等引气剂，使砂浆拌和物的表观密度大幅降低，致使砂浆的强度远低于设计值，施工完后质量无法得到保证。预拌砂浆的组成材料是根据配合比设计、经过实验室验证的，既兼顾了砂浆的强度又考虑到了施工的和易性，因此无须再添加其他原料。

（四）施工基层预处理

施工基层的预处理是不容忽视的，因为大部分的质量问题都出现在这个环节。现在建筑中的砌块或墙体结构多为烧结砖、混凝土砌块等，该类型的砌块有较强的吸水能力，直接使用将会在短时间内吸走砂浆拌和物中的水分，影响水泥的水化反应，严重降低砂浆强度，同样如果砌块或墙体表面有明水，则会使砂浆中的水分过多，提高了水灰比，影响黏结，也会使砂浆强度降低。因此砌块或墙体应提前 1 ～ 2 天进行适度湿润，严禁采用干砌块或处于吸水饱和状态的砌块砌筑。抹灰墙面需基本平整，孔洞须事先用砂浆填平，墙面抹灰前要涂刷界面剂或者甩一层水泥浆，便于基层墙面和砂浆的黏结。

（五）施工后的养护

在施工结束之后，要对砂浆层采取养护措施。常用的养护方式有喷洒养护剂、洒水养护、覆盖物保温等。夏季常用洒水养护方式，遇到高温天气每天至少洒水一遍；秋冬季大风天气应注意遮挡门窗孔洞，避免大风引起砂浆表面水分散失过快，造成墙体开裂。养护期应至少 7 天，合理的养护对提高砂浆的后期强度非常重要，这也往往是最容易忽略的地方，需要引起施工人员的足够重视。

预拌砂浆的推广应用任重而道远，同时也是行业发展的必然趋势。进一步发展预拌砂浆是政府、生产企业、施工企业、社会各方的共同目标，对建设节约型社会，促进建筑施工现代化，实现文明施工，提高建筑工程质量等都十分必要。

第四节　墙体自保温体系施工技术

随着经济的发展，人们越来越意识到环保的重要性，国家相关部门也制定了一系列措施，以便加强公民的环保意识。因此环保节能被列入房地产开发的一项必要条件。如何在房地产行业增加环保节能条件，一直以来都是人们讨论的焦点，其中对建筑实施保温措施，是环保节能的一个体现。建筑行业的快速发展，使得建筑的发展在不同领域也有所突破，如保温材料及施工技术的发展，对建筑环保节能领域有很重要的意义。

外墙保温施工技术可分为三种：外墙内保温、外墙外保温、内外混合保温。不同的施工方法，会导致不同的施工问题，因此通过这三种保温施工技术，找出保温施工过程中所存在的问题，然后提出相应的解决策略，可以预防保温工程的质量问题。

一、自保温体系的适用性

现行的建筑节能标准和传统的标准有所不同，随着经济的不断发展，标准内容发生了很大的变化。墙体自保温体系是大多数建筑工程中所采用的建筑节能方法，现行的建筑节能标准允许选择合适的墙体材料，而传统的节能标准是通过改变建筑围护结构的厚度来达到目的的。虽然目前市面上有很多性能优异的节能隔热墙体材料，但并不是所有的节能隔热墙体材料都能成为自保温材料，因为气候对建筑的影响也很大，确切地说，是气候对保温材料的影响，不同的保温材料的适宜程度不一样。所以应依据节能标准要求，设计自保温建筑的墙体构造。

建筑物能否使用自保温体系，取决于建筑物的具体结构形式，即当建筑外墙能采用较大的砌块填充面积并且混凝土的结构部位较少时，建筑物就可以选用自保温体系。

二、常用的自保温材料

外墙自保温材料种类繁多，而在世界各地建筑工程中使用较多的主要有下面几种。

（一）加气混凝土砌块

加气混凝土的主要材料是加气剂，加气剂又叫发气剂，大多选用脱脂铝粉。加气剂和浆料中的铝粉发生化学反应，会产生一种气体，叫作氢气。加气混凝土砌块的许多优良特性都是由氢气所形成的小气泡所赋予的。加气混凝土砌块是一种节能环保材料，保温隔热功能较强，能耗低，强度高。所以大多数建筑工程在施工时会选择加气混凝土砌块作为自保温材料。

（二）页岩烧结空心砌块

页岩烧结空心砌块有多种功效，既可作为墙体材料单一使用，又可以与其他材料相结合形成复合墙体。这种材料具有很好的物理性能，如不易收缩、具有较强的抗压能力等。因此，这种材料在建筑工程中使用也较为广泛。

（三）陶粒自保温砌块

陶粒自保温砌块是一种方便高效的材料，相比于其他自保温材料，陶粒自保温砌块的特性更加显著，因为它可以满足各种建筑节能设计的要求。首先，其质量较轻，品种多，技术性能和热功能性较好。其次，与陶粒自保温夹芯砌块规格相同，具有较低的传热系数。不同的墙体所使用的材料不同，对传热系数的要求就不同，在使用陶粒自保温砌块时，可以选择填充部分排孔，或选择填满所有排孔。除此之外，陶粒自保温砌块墙体施工比较简单，墙体坚固，造价低。

（四）发泡水泥砌块

发泡水泥砌块是由专用发泡剂和水结合之后，再与空气强制混合，最后加入水泥浆所形成的一种材料。也可以加入大量固体，如粉煤灰、炉渣等来改变它的物理性能。泡沫混凝土砌块具有良好的保温性能，高强度低密度。其与水的结合必须按照一定的比例，然后与空气强制结合。加气混凝土砌块结构不规则，其大小也不一样，呈离散型。而发泡水泥砌块中的气泡则是规则、整齐、均匀、密集地结合在一起，具有独一无二的特性。造成这种不同的原因是二者的发泡机理不同。发泡水泥砌块在寒冷地区也可以达到完全节能 65% 的标准，但前提条件是导热系数按 0.1 计，厚度不足 300 mm 的情况下，只有在这样的条件下，发泡水泥砌块才能够达到所规定的标准。

三、外墙保温材料的选择

保温材料种类繁多，因其内部结构所使用的材料不同，所以表现出来的性能也就有所不同。如聚苯板的导热系数较大，抗压强度大，与密度较大、导热系数较小的挤塑苯板相比，抗开裂性能略高。不同的性能所体现出来的功能是不一样的。原材料不同，保温材料的性能也是不同的。较好的保温材料，保温效果自然相对较好，反之亦然。

外墙保温技术在建筑行业中日益得到越来越广泛的使用，其中应用最广泛的是玻纤网格布技术。玻纤网格布是一种增强型材料，有着抗裂保护的性能，保温效果较好。它能够增强保护层的强度，增大受力面积，起到分散应力的作用。另外，玻纤网格布还有一个重要的特性，就是其抗碱性保证了其在外墙保温材料中的地位。保护层材料，通常是在具有抗裂性能强的抗裂砂浆上加设一道防裂网，并掺入适量纤维，这样效果比较好。

四、自保温墙体施工

（一）施工前的准备工作

施工前期，必须根据工程施工要求、砌块的特性以及砌块尺寸等绘制砌块排列图；还需提前准备砌筑工具，如铲子、测平仪、皮锤、靠尺、施工线、清洁刷、勾缝器具、芯柱灌缝漏斗、直径较小的振动棒、小型云石机、混凝土切割机等施工用具。

1. 砌块进场期间

砌块进场期间，生产厂家必须向购买者提供以下信息：砌块合格证明、砌块型号、砌块生产日期以及砌块强度、砌块等级等，在此过程中，购买方也必须严格按照当前国家所认可的相关规范标准对砌块进行验收，同时，为了后期施工方便，应尽量选择同一厂家生产的砌块。

2. 砌块进场后

砌块进入施工现场以后，相关材料管理人员应根据砌块的规格、型号及其强度的不同分类进行堆放，同时还必须确保其存储空间满足相应的条件，即具备良好的通风、地面平整度要好且存储空间干燥，确保排水畅通；需要注意的是砌块的堆放高度不宜高于 1.6 m，不同堆垛之间必须留存一定的空间，还要注意做好相应的防护措施，因为砌块含水量过高时，墙体容易开裂，因此必须做好防雨、防潮等防护措施。

3. 砌筑时应注意的事项

砌筑过程中，砌块吸水过量，极易出现墙体开裂问题，因此，施工过程中，尽量不要给砌块浇水。若遇炎热天气，可在砌筑前期适当地给砌块喷水，切记水分不能过量。

（二）砌块墙施工工序

（1）砌筑前期，需先对即将砌筑的基面进行平整清洁处理。

（2）校对砌块尺寸，测量放线，试排混凝土砌块：需根据设计图上布设的门窗以及灰缝的具体位置在基面上做好对应的标记，同时还需计算墙角至门以及窗户预留口之间砌块的数量，并进行砌块试排，为保证墙体的水平方向、垂直方向灰缝的整齐度，应尽可能地将砌块的立面压搓面调整至砌块的一半。

（3）砌筑墙体时，应边砌墙边勾缝，但需注意的是只有在灰缝能够压出清晰的指纹且砂浆不沾手的情况下才可勾缝。

（4）进行第二皮砌块时，需在已砌好的砌块上再次涂抹砂浆。

（5）安装加固网。

（三）施工要点及技术要求

1. 排块原则

排放砌块时，应从墙角处依次进行，直至整个地面空间被排满为止；同时需注意浇筑期间灰缝的宽度不宜超过 10 mm，若遇特殊情况可适当调整，但尺度必须控制在 8 ～ 12 mm。

2. 控制砌筑平整度的方法

为保证墙体平整度，砌筑外墙时可使用内测挂线法，利用水平尺来控制平整度；还可使用靠尺来控制砌筑墙体内侧的垂直度。

3. 灰缝填平

首先，砌体间的灰缝均应使用砂浆来填平且必须保证横平竖直，通常情况下要求横向灰缝砂浆的填充量不少于 90%，竖向灰缝砂浆的填充量不少于 80%；其次，砌筑砂浆的强度指数需满足工程施工要求，砌筑过程中，还需控制铺灰长度且铺灰长度不宜超过 800 mm，切记不可用水直接浇筑。

4. 清扫口的用途

清扫口主要用来清除芯柱孔洞内的灰烬。

5. 皮数杆设立

砌筑前期，首先必须在墙体的阴阳角位置设立皮数杆，且各皮数杆间的距离不得超过 15 m，同时还需在皮数杆上标注数据，如砌块的皮数、灰缝的厚度及门窗洞口、过梁、楼板以及圈梁的具体位置。

6. 芯柱设置

芯柱的设计必须严格按照设计要求进行，即确保芯柱的位置及数量与设计要求保持一致。砌筑期间，必须先清除掉砌块内壁上的毛刺以确保砌块能够达到砌筑要求；为有效防止墙体收缩开裂，砌筑前期可使用风吹法清理芯柱芯孔，确保芯柱芯孔的干燥度。

7. 芯柱浇筑

为保证芯柱的浇筑效果，只有在砌筑砂浆的强度大于 1 MPa 时，才能进行芯柱浇筑。浇筑过程中，需先浇筑一定量的强度等级相同的水泥砂浆以后，再使用连续分层浇筑法浇筑混凝土，切记每次浇筑高度必须控制在 400 ～

500 mm。浇筑完成后，还需使用小直径振捣棒轻轻插入每一个孔的底部并逐孔振捣，振捣时间大致需持续几秒，初次振捣结束后间隔 3 ～ 5 min 方可进行二次振捣，二次振捣必须在细石混凝土失去塑态之前进行。

8. 芯柱与圈梁交接处的浇筑

在芯柱与圈梁的交接处，需在圈梁下面的水平方位预设施工缝，在楼板结构为现浇结构的情况下，可将圈梁与楼板一起浇筑，若楼板为预制板，则可在二次浇筑芯柱的过程中，将其与圈梁一起浇筑。

（四）砌筑砂浆

（1）在水泥投入使用前期，应分批次对水泥的强度及稳定性等进行二次检验。

（2）要求砂浆内的含泥量不能超过 5%，砂浆不掺杂有害物质。

（3）砂浆中添加的有机塑化剂、早强剂以及缓凝剂均应控制在国家标准范围内，搅拌砂浆的过程中，必须严格按照配比要求进行搅拌且搅拌时间不宜少于 2 min。

（4）为了规避灰缝、裂缝而引发墙体出现渗漏问题，可在砂浆中添加适量的膨胀剂，以保证砂浆的膨胀性。

第五节　粘贴式外墙外保温隔热系统施工技术

墙在人们的生活中起着非常重要的作用，它也是建筑工程中的重要部分。墙除了防御风、霜、雨、雪等的侵袭外，还要在御寒防暑方面适合当地的气候情况。依据价格建造项目理论，拓展建筑物外墙外保温绿色建造技术成为完成工程能源节约的关键步骤，而粘贴式外墙外保温隔热系统建造技术是其中运用最广的技术之一。

一、施工技术概况

粘贴式外墙外保温隔热系统建造技术作为建造工程项目保持恒温以防发生火灾的重要措施，是确保建造工程安全开展实施的关键科技手段。随着建造行业的快速发展，粘贴式外墙外保温隔热系统建造技术被普遍运用在建筑建设过程中，因此保证粘贴式外墙外保温隔热系统建造技术在建造行业中的运用，是建设单位重点保障的工程。

由于能源节约要求的逐步提升，绝大部分单个材质保温建筑物外墙难度非常大，无法满足包含能源节约在内的许多科技标准的要求。而单设保温层的混合墙体因为选取创新科技保温材质，因此具备更好的热工功能，同时构造层、保温层均能够施展其结构材料的特性和优点，即既不使墙体过厚，又可以满足保温节能要求，也可以满足抗震、承重及耐久性等多方面的要求。在单设保温层复合保温墙体中，依据保温层在建筑物的部位，进一步划分为内保温墙体、外保温墙体和中间保温墙体。

二、施工工艺

（一）施工准备

（1）基体处理完毕，门窗框或副框、外脚手架或吊篮和外用电梯等安装完毕，通过验收。伸出墙面的消防梯、雨水管、各种进户管线等预埋件、连接件安装完毕，按外保温系统厚度留出空隙。

（2）外墙外保温板建造之前，在同一个底层上方建造一个平面不大的样板件，并且要对样板件实施黏结刚性测试，测试方式及结论判断要达到《外墙外保温工程技术标准》（JGJ 144—2019）中的有关要求。合格后，方可大面积施工。

（3）根据保温材料燃烧性能、建筑物高度，依据《民用建筑外保温系统及外墙装饰防火暂行规定》要求，确定设置水平防火隔离带位置。

（二）施工要点

（1）根据建筑物体形和立面设计，进行聚苯板排板设计，特别要做好门窗口排板设计，一般在墙面弹出外门窗水平线、垂直控制线及伸缩缝线。外墙阴阳角处挂垂直通线，每面墙至少两根，使其距墙尺寸一致，阴阳角方正，上下通顺；开始层弹一道水平线，大角基层弹出垂直控制线，依垂直线挂一道水平线，排出聚苯板黏结位置。

（2）底层墙体的挠度必须超过标准的要求，而且要确保建筑工程通过验收，符合达标标准。针对底层的保温体系建造，需根据工程项目开工条件实行不同程序的建造项目：对于同时采取混凝土浇筑的工程就能够直接实施基础工作；对于现浇混凝土底层，清除底层后方能直接实施保温体系建造；对于墙面的建造要采取找平之后再实行保温层建造。

（3）聚苯板粘贴宜选取点框粘贴方法，沿保温板背面四个周边抹上胶黏剂，其宽度为 50 mm，如运用标准板，板面中部需平均布置八个黏结饼，当采用非

标准板，板面中部黏结饼一般为 4 ～ 6 个，每个饼黏结直径不小于 120 mm，胶厚 6 ～ 8 mm，中心距 200 mm，当外表面为涂料饰面时胶黏剂黏结面积与保温板面积之比不得小于 2 ∶ 5。

（4）胶黏剂应涂抹在聚苯板上，涂胶点按面积均布，板侧边不涂胶（需翻包标准网时除外），抹完胶黏剂立即就位粘贴。一次混合制作的胶黏剂不能超过一定的数量，要看各种建造环境热度，一般掌控在两小时内施工完，或对照生产说明书中的要求范围施工完。

（5）聚苯板由勒脚部位开始，自下而上，沿水平方向铺设粘贴，竖缝应逐行错缝 1/2 板长，在墙角处交错互锁咬口连接，并保证墙面垂直度。门窗洞口角部用整块板切割成 L 形进行粘贴，不得拼接。板间接缝距窗四角距离应大于 200 mm，门窗口内壁贴聚苯板，其厚度应视门窗框与洞口间隙大小而定，一般不宜小于 30 mm。

（6）塑料膨胀锚栓在聚苯板粘贴 24 h 后再开始安装，按设计要求位置钻孔，一般尽量布置在相邻板间接缝位置，阳角、孔洞边缘及受负风压处适当加密，确保牢固可靠。

（7）聚苯板黏结完后，至少静置 24 h 才可用金钢砂搓子将板缝不平处磨平，然后将聚苯板面打磨一遍并清理干净。

（8）标准网铺设。用抹子在聚苯板表面均匀抹一道厚度为 1.5 ～ 2.0 mm 的聚合物水泥抗裂砂浆（底层），面积略大于一块玻纤网范围，即将玻纤网压入抗裂砂浆，压出抗裂砂浆表面平整，至整片墙面做完，待胶浆干硬可碰触时，抹第二遍聚合物水泥抗裂砂浆（面层），厚度为 1.0 ～ 1.2 mm，直至覆盖玻纤网，使玻纤网约处于两道抗裂砂浆中间位置，表面应平整。

（9）玻纤网铺设应自上而下，从外墙转角处沿外墙一圈一圈铺设，遇到门窗洞口，在洞口周边和四周铺设加强网。第一层墙裙和另外能够遭到撞击的地方，增加铺设一层玻纤网，第二层和第二层以上没有特别需求（门窗洞口除外）要铺装标准的玻纤网。合格网接缝重叠部分宽度不得低于 100 mm，转角处合格网若是连贯的，则从每边双向绕角后包墙宽度（搭接长度）不低于 200 mm 铺装玻纤网，但不可在雨中进行，玻纤网铺装结束，至少保持平放保养 24 h 才能进行下一个程序，保养时杜绝雨水冲洗及渗漏。

粘贴式外墙外保温隔热系统建造技术在工程中的运用效果显著，在建造工程节能中发挥的作用也越来越明显。外墙外保温隔热系统和建造工程结构组合，形成了一种多性能的混合体。能源节约目标的要求和绿色建造科技的需求，对粘贴式外墙外保温隔热系统建造技术的发展带来了机遇与竞争。

第六节　现浇混凝土外墙外保温施工技术

一、现浇混凝土外墙外保温施工技术概述

外墙外保温是指在建筑物外墙的外侧设置保温隔热体系，将温度隔离在外墙之外，使建筑物达到良好的保温效果。在建筑工程中，对外墙经常使用内保温技术，而外保温与内保温相比，应用比较简便，技术合理，不会要求过高的施工技术，有其明显的优越性。建筑工程外墙外保温技术适用范围广，无论是北方还是南方都适合，而且墙面内表面不会发生结露，绝热层效率可达到90%。在新建房屋或者旧房改造过程中，都不影响正常的使用。这种施工技术的原理主要是通过苯板进行内部墙体的保温，对建筑物的墙体起到保护作用。保温材料贴在墙体的外侧，不但能够增大住户的使用面积，还可以减小建筑梁、柱的直径，在一定程度上节省了造价。在外墙外保温施工中要求外保温抗裂保护层拥有更高的柔韧性，所以需正确处理外保温抗裂保护层，有效预防饰面开裂的情况，避免造成各种施工质量问题。

二、高层建筑现浇混凝土外墙外保温施工技术

（一）施工条件

（1）基层墙面。基层墙面应干燥、平整、无浮尘等异物，具有一定的抗拉强度。

（2）门窗洞口及有关外墙面联结件。门窗洞口、门窗框、辅框，伸出墙面的消防梯、水落管等预埋件、连接件应按照施工规范进行安装，并按外保温系统的设计厚度留出间隙。

（3）气候条件。在施工中及施工后的 24 h 内，基层墙面及整体施工环境温度应在 5 ～ 35 ℃，应避免烈日暴晒，防止施工效果受到影响；在大风天、雨天、下雪天应停止施工，防止出现安全事故，避免造成不必要的经济损失。若施工期间突发自然状况，如降雨，则应采取相关的有效措施防止雨水冲刷墙面，以免影响施工的正常进度。

（二）耐久性技术

该技术在使用时，主要是利用一些隔热性能比较好的隔热材料，将其合理地应用到建筑外墙节能保温施工当中。大多数情况下，在一些比较炎热的天气，如夏季，自然空气中的外部温度就能够达到 40 ℃，此时建筑外墙的保温层温度就会更高。而在一些阴雨天气或者是昼夜温差比较大的地区，外墙保温层的温度就会急剧下降。这种现象持续发生时，如果不采取有效措施对其进行处理，那么不仅会导致建筑物所承受的热应力增大，还会加快建筑外墙保温层的老化速度。因此，针对该现象，需要在实践中对建筑外墙的保温层提供有效措施，利用耐久性技术，保证外墙在使用过程中的保温性能。

（三）建筑工程墙体保温施工技术要点分析

通常情况下，在对建筑工程墙体进行保温施工过程中，保温施工技术要点主要包含以下几方面内容。首先，相关工作人员需要保证严格按照建筑工程墙体保温施工的工艺流程进行施工，并在墙体保温施工中加强监督管理工作，保证施工质量。其次，在进行建筑工程墙体保温施工过程中需要重点关注粘贴聚苯板施工环节，在粘贴聚苯板施工过程中采取合理的翻包网将建筑工程中的门窗、墙体进行密封施工，并做好防水工程，并保证建筑工程墙体变形缝和基层之间的有效黏合力，提高建筑工程墙体保温工程质量。最后，需要对墙体保温层进行合理施工，包括对建筑工程墙角进行合理黏合，并沿着不同的墙角依次向上进行黏合；对保温板进行按压，保证保温板可以和墙体之间紧密连接，不会产生裂缝，从而保证建筑工程墙体保温工作质量。

（四）聚苯板保温施工和墙体施工的施工技术

随着科学技术的快速发展，新的施工技术不断出现，其中聚苯板保温施工和墙体施工的施工技术是应用比较广泛的新技术。一般情况下，在进行混凝土墙体灌注的过程中，先将聚苯板安置在浇筑墙体模板的外侧，再进行浇筑。采用有效的措施能够使聚苯板保温施工和墙体施工同时进行，不但能大大缩短施工的时间、节约施工的成本，在一定程度上还能有效减少工程所投入的人力资源。在建筑工程的施工中还有一些需要注意的，如施工时间要是在冬季，对施工工艺的要求就要有所提高，以得到良好的保温效果，达到有效降低冬季施工需投入的保温成本的目的。

（五）建筑工程外墙外保温材料的控制工作

建筑工程外墙外保温材料是保证外墙外保温工作质量的基础，对建筑工程的发展具有重要意义。因此，相关人员需要对建筑工程外墙的保温材料进行合理控制，具体可以从以下几个方面展开。首先，在建筑施工过程中需要对建筑工程的玻纤网格布进行合理选择，保证所选择的玻纤网格布具有较高的拉伸性能，可以对建筑工程中建筑结构预应力进行合理控制，减少裂缝的产生，保证建筑工程施工质量。其次，相关人员需要对建筑工程外墙体保护层材料进行合理选择，保证所选择的材料具有较强的柔韧性，并在使用过程中配合一定的纤维增强网，保证水泥砂浆在使用过程中不会产生变形，从而提高建筑工程墙体的保温工作质量。最后，相关人员在进行建筑工程墙体保温工作过程中，需要在墙体层中进行无空腔构造，施工中使用聚苯板作为墙体保温设计工作中的主要重力和风压，并在聚苯板选择过程中保证所选择的聚苯板强度，让其在施工过程中不会出现断裂的情况，从而保证建筑工程墙体保温工作质量。

（六）外挂式外保温施工技术

在整个施工工艺中，聚苯保温板的粘贴是非常重要的环节，因此必须严格按照技术要点进行粘贴。聚苯保温板的粘贴质量直接影响施工的整体效果，所以进行聚苯保温板粘贴之前，必须将基准控制线在外墙的外立面挂好，将保温锚栓加以固定。在涂抹防水砂浆之前，应该先将玻纤网格布贴好，然后在面层上利用防水腻子找平，确保施工后建筑的外观效果。施工人员一定要认真负责，严格遵循相关安全规范制度，粘贴的过程一旦有质量问题出现，必须采取有效措施进行补救。在施工的各个环节，施工人员应该不断地积累经验，由此保证各环节施工能够一次成功，充分发挥建筑墙体实际的保温效果。

建筑行业的快速发展，促使越来越多的新型技术、新型材料被广泛应用到建筑各领域当中，特别是建筑外墙施工中。为了保证建筑外墙外保温施工的效果，同时为了实现绿色环保的目的，施工人员需要结合实际情况，采取有针对性的保温节能技术，实现建筑行业绿色经济的发展。

第七节　外墙硬泡聚氨酯喷涂施工技术

就目前而言，聚氨酯硬泡外墙外保温系统主要有 4 种施工工艺：一是喷涂法；二是浇注法；三是干挂法；四是粘贴法。下面重点介绍喷涂法施工工艺。

一、喷涂法聚氨酯硬泡外墙外保温施工的特点

喷涂法聚氨酯硬泡外墙外保温施工技术在国内最为常用，在采取喷涂法施工时，喷涂设施将黑白料按照一定的比例喷出，使其瞬间混合均匀，快速发泡，进而形成聚氨酯硬泡体，然后在聚氨酯硬泡体上涂抹聚合物抗裂砂浆保护层。喷涂法施工工艺主要具有以下几方面优点。

（1）保温层没有接缝，防水性能以及整体性都良好。

（2）适用范围较广，对任何部位和形状均可适用。

（3）便于对热桥进行保温处理。

（4）无须锚固，与墙体无缝黏结，强度较高。

（5）现场喷涂，施工工艺简洁。

（6）喷涂材料便于运输，施工速度快，可以连续喷涂。

（7）防水保温二合一，便于修补。

二、喷涂法聚氨酯硬泡外墙外保温施工工艺

（一）施工工艺流程

喷涂法聚氨酯硬泡施工的工艺流程如下：①放线打点；②清理墙体；③喷涂聚氨酯保温隔热层；④喷刷聚合物专用界面剂；⑤第一遍抗裂砂浆找平，压入玻纤网格布；⑥门窗、突出线条、阴阳角等部位做特殊处理；⑦第二遍抗裂砂浆抹面；⑧饰面层施工。

（二）施工准备

在外墙硬泡聚氨酯喷涂施工进行之前，首先要做好施工准备，如在实际施工中，外保温系统依附的载体是外墙体基面，因此在施工开始之前应该人工清洁墙体基面，只有确保基层墙面平整、清洁、干燥、顺直、无油污及浮灰，才能保证外墙硬泡聚氨酯喷涂施工的顺利进行。再如，外墙面的平整度、垂直度

一定要控制在规定范围之内，并且要封堵穿墙螺栓洞，大于 5 mm 的缝隙孔洞应该用水泥浆封严，同时应该严格控制墙面含水率，不得超过 5%。

另外，在外墙硬泡聚氨酯喷涂施工进行之前，还应该对墙体基面精确防线、打点，点距控制在 2 ～ 3 m，之后确定硬泡聚氨酯保温层界面平整度基准点，其间一定要严格实施现场检查，将放线误差以及外墙面平整度、垂直度的误差控制在 5 mm 之内。施工人员要认识到，施工设备对施工安全和施工质量都具有很大影响，因此在施工前一定要仔细检验吊栏、围护网、脚手架等设施，确保各项设施都符合施工标准。

（三）施工技术要点

虽然进行外墙硬泡聚氨酯喷涂施工比较简洁，但是想要确保硬泡聚氨酯喷涂均匀并非易事，在外墙硬泡聚氨酯喷涂施工中，操作人员应该具有较高的技术水平，保证喷涂均匀。此外，温度、湿度、风力等条件对喷涂施工的影响也较大，因此应该在适宜的环境下进行施工，如果遭遇雨雾、4 级以上大风、温度 10 ℃以下等天气，应该延迟施工。另外，喷涂聚氨酯硬泡表面十分光滑，为了保证聚氨酯硬泡体与墙面的粘贴强度，应该使用专用的黏结材料，同时在喷涂施工的过程中，容易产生泡沫飞溅，施工人员一定要具备良好的保护措施，并且喷涂施工的周围环境应该采取遮挡措施，防止受到污染，顺风区应该设置隔离带或者指派专人监护。

（四）主要施工措施

（1）施工之前要做好基层处理。外墙面基层的处理效果对外墙硬泡聚氨酯喷涂施工的质量具有很大影响，基层表面含有阻碍粘贴的物质，或者基层不能满足施工标准，都可能导致保温系统开裂，因此一定要保证外墙面基层的平整度符合要求，确保外墙面基层没有松动的砂浆、混凝土，如果有则需要及时清理干净，墙面的平整度和垂直度一定要进行严格检验，误差应控制在 ±8 mm。

（2）施工过程中要确保外墙基层干燥。一般情况下，下部主体结构验收合格之后，即可开始外墙保温施工，外墙保温施工与上部结构施工需要同步进行，因此在外墙保温施工的过程中，一定要防止结构养护水干扰施工，避免墙面受到污染，施工层上部要具有阻水措施，避免养护水沿着外墙面流淌。

（3）保温层成活后要防止烈日照射。聚氨酯硬泡喷涂完成之后，要对表面进行打磨找平，如果不能够及时抹灰罩面，则应该避免保温层受到烈日照射，一般情况下，保温层在烈日直射下的时间不能超过 10 天，如果遇到特殊情况，需要持续在烈日下照射 10 天以上，一定要涂抹界面剂加以保护。

（4）做好安全生产及卫生防护。外墙硬泡聚氨酯喷涂施工需要进行高空作业，并且施工现场中大多是多工种交叉作业，有些工作还需要动用明火，施工风险隐患较多，因此一定要保证施工安全，喷涂聚氨酯在发泡过程中会产生有害气体，施工人员需佩戴防护用具，每个机组应该有两名施工人员交互施工。

另外，在硬泡聚氨酯外墙喷涂保温施工过程中，应该避免施工周围的物体受到污染，因此在实际施工中，对现场不宜污染的门窗框等应事先做好防护，喷涂完毕后立即清理，还要对现场 100 m 下风区域实行监控，警告进入区域的人员及车辆，并做好有效防护。

（5）保证施工效率。在进行外墙硬泡聚氨酯喷涂施工时，施工活动容易受到天气、施工材料、施工设备完好率、交叉作业以及质监等一系列因素的干扰，因此工作效率问题就比较突出，为了保证施工效率，一定要根据实际情况统筹安排施工活动，以便提高工效，保证工期，在通常情况下，喷涂聚氨酯每台机组要安排 3 名施工人员，有效工日标准为 200 ～ 300 m^2/d，设备开动率为 40% ～ 60%，抹面作业为人工作业，人员可随喷涂进度增减。

（6）做好现场质量监控。施工现场中应该设有专职质检员，对施工活动进行严格的把关，及时发现施工过程中存在的问题，及时纠正，以保证施工质量。同时在施工材料进入现场之前，一定要严格检验材料质量，不符合质量标准的材料坚决不能投入使用。

第八节　工业废渣及空心砌块应用技术

随着经济建设规模不断加大，材料与能源工业产生了大量的废弃物，如钢渣、尾矿砂、粉煤灰等。这些废弃物不但占用土地，还污染环境，带来了许多社会与生态问题。另外，建筑材料生产中原材料的消耗量惊人，许多原材料已出现供应紧张现象。将废弃物回收利用在建筑材料生产中符合可持续发展战略。现在国内很多城市把混凝土空心砌块产品作为取代实心黏土砖的主导产品之一，因此在工业废渣堆积为患的情况下，利用钢渣、尾矿砂、粉煤灰等生产开发绿色混凝土小型空心砌块，既符合市场需求，又节约资源、保护环境。

混凝土小型空心砌块具有轻质、高强、承重、节能、节地、利废等优点，已成为我国建筑施工中可代替黏土砖的主要的新型墙体材料的必然选择，而且采用工业废渣制造空心砌块在节约大量能源的同时，还可减小废渣堆存占地面积和减轻环境污染。通过对混凝土小型空心砌块配合比的设计分析，施工技术人员提出了工业废渣混凝土空心砌砖配合比设计的要求，并对工业废渣混凝土空心砌砖生产的筛选、计量、搅拌、成型、半成品运输、养护等全过程进行控制，从而确保工业废渣混凝土空心砌砖的质量。针对工业废渣砌块存在的不足，在工业废渣砌块墙体施工中还需采取一定的保障措施，从而确保建筑工程的质量。

一、混凝土小型空心砌块的产生与发展

第一次世界大战后美国房屋建造量的增多导致了黏土砖价格的上涨，同时得益于波特兰水泥工业的发展，混凝土砌块在美国诞生了。在第二次世界大战后，美国砌块的生产及应用持续发展，混凝土砌块逐渐成为主要的建筑制品，带动了欧美、亚洲、非洲等地空心砌块的发展，并逐渐成为世界性新型墙体材料，得到普遍应用。自 1923 年，我国从美国引入空心砌块生产技术以来，我国空心砌块的生产也将有近 100 年的历史。特别是随着我国可持续发展战略的实施，为了保护土地，节约能源，实现建筑的轻型化、节能化，国家把发展空心砌块列为基本国策，推动空心砌块产业以每年 15% 的速度快速发展。可以预见，我国未来的建筑，将大多使用混凝土空心砌块建造。

国家重点鼓励混凝土空心砌块在解决好渗漏、保温问题的同时，倡导其要向系列化、装饰化、双排孔、多利用废渣方向发展。目前，我国每年工业废渣排放量已达 7 亿 t，占地面积约 80 万亩，但其总利用率很低，尚不足 30%，我国还是世界上第三大粉煤灰生产国，仅电力工业年粉煤灰排放量已愈亿吨，目前利用率仅有 38% 左右。而实际上绝大部分废渣，如钢渣、尾矿砂等都可以用来生产墙体材料。将工业废渣与建筑垃圾制成再生集料，然后与胶凝材料、外加剂、水等通过搅拌、加压振动成型、养护而成新型墙体材料，此材料可广泛应用于各种建筑中，这为城市建设进程中廉价制作建筑材料提供了新的途径。

二、混凝土小型空心砌块配合比设计及生产

（一）混凝土小型空心砌块配合比设计

混凝土小型空心砌块配合比的设计实质上是砌块用混凝土的配合比设计，但是砌块所用的混凝土与传统的混凝土有所不同。依据混凝土小型空心砌块的使用性能要求，在进行配合比设计时，应重点考虑下列几点。①满足强度方面的要求。与所用材料为传统混凝土的砌块相比，混凝土小型空心砌块，特别是承重砌块，应选择比较高的强度等级。②满足和易性要求。混凝土小型空心砌

块通常采用加压振动成型、快速脱模的生产工艺，要求混凝土拌和物既是干硬性的，又要具有较好的流动性。即混凝土拌和物在运输过程中不产生离析，能很快完成密实成型过程，在脱模之后具有足够的初始结构强度和刚性维持它的形状，并保证在运输过程中不破坏和变形，避免出现蜂窝麻面和缺棱掉角等现象。③充分考虑经济效益。除了确保性能、质量要求外，尽量合理利用地方材料和工业废料，并注意节约水泥。

（二）工业废渣混凝土砌块的生产

混凝土拌和物的制备主要包括原材料的准备、加工、计量和混凝土拌和物的搅拌等。砌块的生产工艺流程主要包括筛选、计量、搅拌、成型、半成品运输、养护等步骤。

1. 筛选

在工业废渣混凝土砌块的生产中，先要对原材料进行筛选。在集料的入口处设置振动筛，原材料由料斗经振动筛进入搅拌机。该工艺流程起过滤作用，可以清除一些大石块、树枝、树叶、铁屑等杂物，同时可避免搅拌机受损，且可确保产品质量。

2. 计量

原材料计量的准确度对混凝土质量影响很大，为保证计量准确度，一般采用质量计量。砌块生产过程中对水泥、粉煤灰、粗细集料的计量均采用计算机控制，对水的计量则采用美国贝赛尔稠度传感器和稠度控制仪来控制。

3. 搅拌

对混凝土拌和物的搅拌，主要是使其达到固、液、气三相的相对平衡。影响混凝土拌和物搅拌质量的因素较多，如原材料的性质、混凝土配合比、搅拌工艺及操作过程等。对于钢渣混凝土，宜采用二次投料搅拌工艺，并使用强制式搅拌机搅拌。强制式搅拌机的转速以保证搅拌质量为宜，搅拌机转速一般控制在 1.3 ～ 1.8 m/s。各种物料的投料顺序对搅拌质量也会产生一定的影响，一般顺序为：当搅拌不同密度的物料时，先搅拌密度小的，然后边搅拌边加入密度较大的物料；当搅拌机的几种物料质量相差较大时，应先投质量多的物料。此外，搅拌时间主要与搅拌机和拌和物的性质有关，搅拌时间不宜太长。加水应采用向搅拌筒内的整个空间均匀供水的方式，一般只需 30 s 即可搅拌均匀。

4. 成型

成型是混凝土小型空心砌块生产过程中的关键工序，也是与一般混凝土制品最大的区别所在。在混凝土小型空心砌块的生产过程中，密实和成型是同步完成的。因此，一般混凝土小型空心砌块采用振动密实成型工艺，在混凝土拌和物内阻减小的情况下，再借助外力加速成型，是一种比较理想的成型工艺。

5. 半成品运输

产品成型后自动运至养护架，由于此时产品还不具备一定的强度，必须小心运送。产品运送流程由计算机控制，运行过程应缓慢平稳，避免由于颠簸而使产品受损。

6. 养护

养护是混凝土小型空心砌块生产的基本工序之一，它对混凝土小型空心砌块的质量有很大影响。养护的目的是保证混凝土的正常凝结硬化，砌块获得所需的物理力学性能和耐久性。混凝土小型空心砌块养护工艺有三个要素：养护温度、养护湿度和养护延续时间。其具体参数应根据所用的原材料和生产的混凝土小型空心砌块品种、规格进行合理选择。必要时，可通过试验确定。通常工业废渣混凝土小型空心砌块采用的养护工艺分为窑内养护和堆场养护，两个环节都很重要，均不得忽视。

窑内养护分静停、升温、恒温、降温、排气五个阶段，周期为 12 h 左右。工业废渣混凝土制品静停时间与季节和水泥品种有关，静停温度不宜低于 25 ℃，时间为 2 ～ 5 h，一般采用 4 h。在养护过程中，最高温度一般控制在 70 ℃，升温速率不应超过 33 ℃ /h。恒温温度一般不超过 74 ℃，养护时间一般为 1 h。恒温养护结束后关掉气门，使得温度以 2 ～ 4 ℃ /h 的速率下降。排气时间一般控制在 0.5 h 左右。

产品经养护窑养护后，强度已达到设计值的 75%，砌块出窑后由叉车运至堆场按批次进行堆放，两周内应使砌块处于湿润状态，可以采用喷淋的方式进行养护，喷淋的频次由天气、温度、湿度而定，养护初期为每天 4 ～ 5 次，然后随砌块强度的增长分批进行跟踪检测，并记录第 3 天、第 7 天、第 12 天时的强度抽检结果。砌块必须保证 28 天养护时间才能出厂，有条件的地方最好养护到 40 天，以确保砌块充分完成收缩和后期强度的增长，使产品达到稳定状态，防止砌块上墙干缩出现裂缝。

三、对工业废渣砌块在建筑施工中的分析

（一）工业废渣砌块在施工中存在的问题

相比黏土实心砖，砌块建筑的最大优势在于，其生产不毁坏耕地，能耗较低，符合国家技术发展政策，这是砌块结构得以发展的根本前提。同时砌块也存在着不足和薄弱的地方：砌块的膨胀系数和干缩值比砖大，导致砌体的匀质性比砖砌体差；热工性能与黏土砖相比欠佳，小型空心砌块墙体热阻仅为实心黏土砖的 70%，相当于 165 mm 砖墙的热阻；小型空心砌块壁薄、孔大，易渗漏，墙体易开裂等。

在施工过程中要注意砌块的材质问题。与烧结砖相比，混凝土砌块的干缩值较大，墙体较易产生裂缝，因此要注意在构造上采取抗裂的措施。为防止外墙面的渗漏，在粉刷时要做好填缝工作，并压实和抹平。在设计中，砌块作为后砌填充围护的结构，当墙体的尺寸与砌块规格不匹配时，就难以用砌块完全填满，容易造成砌体与混凝土框架结构的梁板柱连接部位出现开裂。此外，墙的厚度过小或者砌筑的砂浆强度过低，都会使墙体刚度不足而形成开裂。此外还要防止砌块的开裂。砌块与黏土砖不同，如果随意地砍凿砌筑，或者用不同材料混砌，则容易造成墙体的开裂。砌块与柱连接处及施工预留洞后的填塞部位要加拉结钢筋，否则容易引起搭接部位的开裂。砌块在运输和堆存中也要进行防雨防潮的保护措施，否则墙体也会因收缩而开裂。砌块的无错缝对孔搭砌，或者灰缝砂浆不饱满，日砌筑高度过大也会引起墙体的开裂。

（二）工业废渣砌块施工质量保障

砌块在施工砌筑质量方面存在着系统性的因素引起的非正常分布的质量通病，这样的问题通过严密施工和规范操作都可以避免。大部分砌块由多孔隙和轻质的材料组成，其孔隙之间互不连通，在表层浇水时水分不易进入其间的空隙内，因此在打底抹灰前要对基层进行浇水和保湿处理，抹灰所用水泥宜采用低强度水泥。

在混凝土构造的柱门窗过梁以及不同砌块交接处，如果使用的材料不同或者施工的工艺不当，就会出现空鼓和裂缝的现象。预防裂缝，需严格按照所规定的方法进行施工，在梁墙打底前，在两种材料的缝隙处，贴上适当宽度的玻璃布，然后再进行抹灰，这也就提高了砌块的利用率。

在施工顺序中，可先浇筑框架的梁柱，然后再填充墙。一般在砌块之前，在框架梁柱上要焊接钢筋，以起到拉结的作用。此外，在砌块与柱梁的交接处，

都可装钉钢丝网。这是因为在钢丝网上抹灰之后，交接的缝隙处就不容易开裂和开缝，不易造成质量上的缺陷。这些方法在砌筑中同时运用，就可以保证墙体砌筑及装饰的质量，不易造成砌块的质量通病。

我国材料与能源工业的发展，产生了大量的钢渣、尾矿砂、粉煤灰等废弃物，若将这些工业废渣用于制造空心砌块，则可以满足我国大规模建筑建设的需要，还可以减少废渣堆存和降低环境污染。通过严格控制工业废渣混凝土空心砌砖生产的筛选、计量、搅拌、成型、半成品运输、养护等全过程，可以确保工业废渣混凝土空心砌砖的质量，以满足建筑工程墙体施工的要求。

第九节 铝合金窗断桥技术

一、铝合金窗的制作及安装

（一）铝合金窗的制作流程

（1）切割：在对型材进行切割操作时要注意锯片的角度，根据机械操作的要求安装好型材定位的专用工装夹具，保证型材的基准面和锯切面的角度，大批量切割前需注意型材切割后的复检和试装。

（2）铣锁孔、排水孔：定制专用型材模具，严格按规范铣孔。

（3）组角：目前国内对于窗框与窗扇的 45° 组角是通过在国内比较先进的数控铝门窗四头组角机来进行的，这种机器可一次完成 4 个角的角码式冲铆连接，窗框窗扇组角每个角的平面平整度以及组角接缝的精度得到了保证。组角时要注意同色黏结胶的涂抹，主要是在角扎插件及型材断面上涂抹，在卡角时需要挤出胶体，并在一定时间内及时擦拭干净，保证组角的黏结强度和密封性、防水性能完好。

（4）密封胶条的装配：装配应牢固、均匀，不得拉伸，无脱槽，接口应黏结严密。

（5）执手锁及铰链装配：为了能够保证孔槽的精度及位置的公差，仿型铣模板控制则应用于锁孔的制作，钻铣床钻模钻孔则应用于铰链孔的制作，同时锁具、铰链这些五金配件的装配必须要好于表面的保护、密封及调试工作。

（6）窗框固定方式：通过镀锌铁片将窗框两侧与墙体连接起来，并通过胀塞木螺丝将左右固定好，通过射钉、射弹将上下固定好，另外对于镀锌铁片也要求其厚度为 1.5 mm，宽度为 15 mm，距窗框四角端头≤ 150 mm，间距≤ 600 mm。

（7）包装：要做好对制作好的窗框的包装，用塑料包装膜将其裹缠牢固，避免被污染。

（8）制作中空玻璃：中空玻璃为槽铝式中空玻璃，其生产过程是把丁基胶涂抹在填充了分子筛的铝隔框两侧之上，经过切割、磨边、清洗、烘干将两片玻璃的边部黏合在一起，接着在铝隔框的外侧、两片玻璃之间涂抹一层聚硫胶。

（二）铝合金窗的安装工艺

检查整修框包装带→框上找中线→框进洞口→调整定位→与墙体固定→洞口抹灰→嵌缝→装玻璃、窗扇→装纱窗→表面清理→撕下保护膜。

（三）控制安装工序

（1）完成好的窗成品不应存放在施工现场，更不应该与地面直接接触，与地面之间的距离至少要有 5 cm，应按安装方向立放，为了防止成品倾倒，与地面保持的角度应在 75° ～ 80° 。成品不能叠加平放，与热源保持至少 1 m 距离。

（2）检查土建尺寸是否合格，找出横平竖直线，再同甲方、监理、土建、施工方四方共同制定并书写出窗框安装的具体位置，再签字认可。

（3）成品窗在运输过程中都有可能出现组角开裂、型材断裂、外表被划伤、压伤等情况，所以在安装成品窗前要对其进行检查。

（4）框上找中线，根据洞口中线，找正窗框在上下、左右方向的安装位置。

（5）对安装的位置确定好后，窗框的垂直度、水平度、直角度以及对角线长度需要通过木楔临时固定和调整，另外在混凝土墙体上对其采用射钉固定。

（6）防雷接地措施通常应用于高度在 45 m 以上的工程建筑。方案具体如下：施工方先将防雷导体预埋在窗洞墙体内，承包方只需按总包方的要求或前期预留的位置将防雷接地片设在铝合金窗框相应位置，防雷接地片的表面需要通过镀锌处理，采用金属固定片，规格长为 200 mm，宽为 30 mm，厚度为 3 mm。

（7）为了避免雨水渗漏，窗框与洞口之间需要填充发泡胶，铝合金窗框与墙体之间的密封采用密封胶。

（8）玻璃安装时应使用玻璃垫块。玻璃安装完毕装配密封条，密封条应牢固，不得拉伸，接口应搭接严密。

（9）对施工中的成品需要重视和保护，而重视和保护的关键在于安装人员、土建施工人员及其他施工人员在思想上是否重视。所以施工时需要与相关的单位进行协作，加大教育力度，宣传成品保护。

二、铝合金窗断桥技术的质量保证

（一）质量标准

（1）严格按照设计要求设置铝合金窗的安装位置和开启方向，从而达到四周缝隙均匀、开启灵活、锁紧牢固的要求。

（2）窗扇之间的间隙要均匀，关闭的时候没有缝隙，按要求搭接扇与框。

（3）铝合金窗附件齐全，安装位置灵活、规范、坚固。

（4）铝合金窗外表美观干净，无划伤、无污渍；涂胶表面平滑、平整，厚度均匀，无气孔。

（二）窗户生产工序中的要点

（1）下料切割工序：保证同一批下料长度公差为 ±0.5 mm。

（2）按要求设计气压平衡孔、排水孔的数量和尺寸，保证位置的规范畅通。

（3）成品窗在装载和存放的时候应当注意人为和气候的影响，如摔、抛、曝晒、雨淋等，放置的时候应当平整码放，码高不超过 1 m，放置的位置要与热源保持至少 2 m 的距离。

（4）施工前对基准线一定要复查，安装时才能符合要求，安装后应该是横平竖直，安装的质量要求严格遵循《建筑装饰装修工程质量验收标准》（GB 50210—2018）的规定。

（三）保护措施

（1）要定期检验生产中所使用的量具的精度，确保能够及时更换。

（2）为了避免铝合金窗被污染，在产品出厂前应用塑料包装袋将其包扎严密、整齐、稳固。

（3）铝合金窗在搬运装载时要注意轻抬轻放，防止造成表面的压伤、划伤、变形、损坏。

（4）外抹灰压框量为 5 mm，以免堵塞窗框排水槽，导致排水不畅。

（四）其他的注意点

对于已经安装了门窗框的洞口不能再用作运料的通道；禁止将重物挂在窗

框上；禁止蹬、踩窗框、窗扇；电、气焊应当远离门窗表面，避免造成表面损伤。

三、铝合金窗断桥技术的安全和环保措施

（一）安全措施

（1）通过搭设脚手架保证高大洞口的安全。对于一些比较大的玻璃，为保证能够进行安全施工，需制作专门的吊装架。

（2）要随时维护与保养相关的机械设备，确保机械故障能够及时排除，保证施工顺利进行。

（3）如有登高或需站立在窗台上时，必须正确按规范佩戴安全带，不得拆除安全带上的任何部件，同时穿防滑胶鞋。

（二）环保措施

（1）及时清理施工现场的型材保护膜及包装布，避免这些废弃物对环境造成污染。

（2）严格按照有关国家关于环境保护的法律、法规和规章制度执行工作。

第十节　太阳能与建筑一体化应用技术

随着国民经济的快速增长和人们生活水平的不断提高，我国每年新增建筑面积达 20 亿 m^2，新建房屋数量占全球的一半以上，而建筑能耗也占据总能源消耗的 1/3，如何发展新能源以降低建筑能耗，是我国急需考虑的一个问题。

太阳能清洁高效，且取之不尽，用之不竭，太阳每秒照射到地球上的能量相当于 500 万 t 煤燃烧释放的能量，40 min 内照射到地表的能量可供全球使用一年。太阳能与建筑一体化节能技术是利用太阳能作为电、热、冷等转换的动力，以最大限度地满足室内用电、用热和用冷的要求。

一、国内外研究现状及问题分析

国外对太阳能与建筑一体化的应用的研究较早，相较国内而言已经有了相当成熟的设计经验和技术。欧美各国对发展太阳能与建筑的结合的应用非常重视，通过太阳能建筑一体化技术的应用使建筑达到更适宜的人居环境，进而提出“零能耗建筑”的概念。近几年国内太阳能与建筑一体化发展也较为迅速，

太阳能与建筑一体化技术已经开始融入北京奥运场馆、上海世博会场馆和深圳园博会场馆等各种公共建筑中。

国内外现有的太阳能建筑一体化主要分为两大类：太阳能热利用技术和太阳能光电转换技术，太阳能建筑相较普通建筑具有明显的优势，如可以有效降低墙面和屋顶的温升，无噪声、安全环保，同时也能有效降低建筑能耗，提升建筑的综合品质，但就现有技术来说，无论是太阳能热利用技术还是太阳能光电转换技术均存在太阳能配套产品没有和建筑有机结合的缺陷。

二、太阳能与建筑一体化系统分析

（一）集成太阳能热水器窗系统

太阳能热水器的使用是将太阳光热量转化为水的内能，将水从低温加热到高温，以满足人们生活、生产中的热水使用，是太阳能热利用中最典型也最成熟的方式之一。普通太阳能热水器分为平板太阳能热水器和真空管太阳能热水器，真空管太阳能热水器体积较大，一般被放置于屋顶位置，平板太阳能热水器比真空管太阳能热水器体积小，但也需要放置在阳台等专用位置。

集成太阳能热水器窗系统是将太阳能热水器技术和门窗技术相结合，实现了太阳能与建筑的完美结合，在不影响门窗使用的前提下，解决了传统太阳能热水器的安放问题。该系统由集成太阳能窗和温控系统组成，集成太阳能窗相当于热水器中的集热器，系统采用定温和温差循环强制出水的运行方式，可以运用在幕墙层间位置，由于集成太阳能热水器中集热管排布平整、美观，所以除了节能以外对建筑立面效果还有很好的装饰作用。

（二）集热百叶幕墙系统

百叶分为铝合金百叶、木百叶和朗斯百叶等，因百叶幕墙具有通风、装饰和阻挡紫外线等作用而被广泛应用于现代建筑中。

集热百叶幕墙系统主要由集成百叶窗、集热水箱和用水设备组成。系统在实际安装中，储能水箱的位置要高于百叶幕墙的位置，系统采用自然循环的方式，其循环动力为热虹吸效应（即热水上行、冷水下行原理），如果加入强制循环泵，则位置并没有要求。

集热百叶幕墙是在现有百叶幕墙技术的基础上，结合太阳能吸热技术，对百叶片进行技术改造，铝制百叶片向光面壁厚为 1.2 mm，水从百叶空腔内流过，热量通过向光面传递，传热效率高，进而达到节能的目的。

（三）竖向节能光伏幕墙一体化系统

太阳能光电转化技术在我国的应用也比较广泛，太阳能光电建筑一体化主要有以下几个方面的应用：光伏屋顶、光伏遮阳板和光伏玻璃幕墙，这三种应用各有缺点。光伏屋顶和光伏遮阳板受建筑结构的影响较大，且相对而言，能够放置光伏电池板的面积较小；光伏玻璃一般要考虑透光性，可安放光伏电池板的面积也较小，可吸收的太阳能的能量受限。

竖向节能光伏幕墙一体化系统是将竖向装饰玻璃幕墙与太阳能光伏板相结合，玻璃板正反两面均设置光伏板，接收太阳能受热面积大大增加；另外，可以有效降低室内空调负荷，光伏阵列吸收太阳能转化为电能，降低了室外综合温度，减少了墙体得热和室内空调冷负荷，起到建筑节能的作用，而且并不影响装饰幕墙原有的装饰作用。

竖向节能光伏幕墙一体化系统不影响室内的采光性能，同时具有一定的遮阳性。因为装饰玻璃幕墙的总面积一般较大，所以产生的电能相当可观，产生的电能一部分通过设备传输给交流和直流负载使用，一部分存入蓄电池中，该系统操作简单，便于推广。

太阳能与建筑一体化节能技术是未来发展的方向，真正的太阳能与建筑一体化并非太阳能和建筑的简单相加，而是让太阳能成为建筑的一部分，为整个建筑的节能减排发挥作用，随着政府政策支持力度的增大和太阳能与建筑配套产品的逐步完善，太阳能与建筑一体化必将迎来新的发展契机。

第十一节　供热计量技术

随着社会的发展和人们生活水平的提高，人民对生活环境的要求也越来越高，同时伴随节能减排工作的开展，供热计量技术的优越性也越来越来越凸显。经过国内多年试点工作的探索，通过一系列的供热调控技术及计量手段等的发展，供热计量的相关技术逐步得到改进。但由于此项工作的艰难及复杂性，诸多问题仍在研究之中。因此，本节对供热计量技术应用现状进行分析研究。

一、供热计量工作的意义及目标分析

（一）供热计量工作的意义

实施供热计量能实现国家节能减排的战略目标；也能使广大热用户按需用

热，用多少热、付多少热费。那么，供热企业如何才能从实施供热计量中取得经济效益，最好的办法是以一个独立的热力站为基本单位，实施供热计量的示范工程。热力站的供热计量、温度补偿、水泵和自动调控设施等可以根据热负荷耗热的变化情况计量、调节、输送热用户所需的热量，满足热用户按需用热的要求，也能直观地显示热力站内热负荷耗热量。如果热力站的热负荷所承载的都是节能建筑，就可以节约能源20%以上。同时，实施供热计量示范工程时，禁忌新旧居住住宅、节能建筑和非节能建筑混在一个热力站内进行。否则，这既会增加工程的复杂性和难度，也不能取得明显的节能效果。此外，鉴于目前热计量表销售市场的混乱，其质量难以保证，城市供热企业应积极推行能源服务管理模式，从热计量表的质量评估、采购、安装、质量检验、维护运行、供热服务等过程负责管理。

（二）供热计量工作的目标分析

生产运行过程中，把用户主动调节的节能量以及建筑节能的节能量反馈到热源，达到节能减排的目的是供热计量工作的最终目标。供热计量系统必须是可控可调且是动态的系统，而要打造这样一个系统，技术升级带来的投入是必不可少的。首先，应以换热站为单位，站内所辖的用户全部实施计量收费，通过调节阀的平衡作用，节能量会被反馈到换热站，而不会流失到其他用户中；系统内所有换热站实现自动调节及变流量运行，随着用户的主动调节改变管网运行流量，节能量不会流失到其他换热站中，最终用户产生的节能量要反馈到热源；热源在满足安全条件的前提下，也应实现主循环泵的变流量运行，这样节电、节能效果会更加明显。为完全满足供热计量需求，供热单位要对热源、供热管网及换热站，进行热平衡、变流量、变频等控制改造，以提高热网自动化水平，实现真正意义的节能。

二、供热计量技术中存在的主要问题

由于我国仍处在供热计量的试点工作的过程中，因此在供热计量技术上存在着诸多问题，主要有以下几方面：只计量未收费；供热计量方法的标准规范不完善；供热计量产品的质量以及产量有待提高；收费方式及热价的制定工作复杂，用户对计量工作的认知不够，节能意识差；围护结构保温性能差；等等。这些问题在供热计量的改革中都要做重点整改，这样才能使我国供热计量技术的发展更进一步。

三、改进我国供热计量技术的措施

（一）完善供热计量方法的标准规范

供热计量作为供热体制改革的重要举措，要想实现进一步的优化，并在国内得到进一步的推广和贯彻，形成一套科学、有效的指导性意见或标准规范具有重要的意义。在进行供热计量方法的标准规范完善过程中，相关人员不仅要参考国外的一些先进设计理念，而且要结合国内自身实际的供热计量设计工作，进行相关标准的制定。

（二）完善并落实供热计量工作的相关法律规程

规章制度是有序开展工作的有力依据，在供热计量工作中就需要对其相关法律法规进行完善，像《国务院关于加强节能工作的决定》以及《民用建筑节能条例》等都对供热计量做出了相应的规定。在 2010 年颁发的《关于进一步推进供热计量改革工作的意见》中，以及《建筑节能工程施工质量验收规范》（SZJG 31—2010）中，均根据试点工作实践经验对相关内容做出了更改或者调整，并把供热计量列入强制性标准中。当今节能减排工作极其受广大群众的关注，认真落实《节约能源法》等法律法规中的相关规定必不可少，同时也要在群众中推行供热计量中的节能减排工作。

（三）优化分户供热计量系统的有效措施

当推广实施分户供热计量后，必然要有部分用户不采暖，而将家中的暖气阀关掉，这样就很容易造成供热系统的水力失调。因此相关工作人员一定要负责户内户外相结合，对供热系统进行调节，将水泵改成变频，末端加压差传感器与水泵变频实行联动，这样才能实现供热计量达到节能的目的。分户供热计量采暖系统需要在每一用户管路的起止点安装关断阀和在起止点其中之一处安装调节阀，这些阀门的设置会产生一定的局部阻力，如果在原有的系统中这部分阻力不予考虑，再加上系统间存在的不协调性，将会出现用热不足、系统不稳定的现象。此外，由于加入集中供热热源是无法实现节能的，热电联产的热源因电厂发电在电网调度是平稳的，导致抽气量是有计划的，不可能随时增减气门开度，改变供热量。但是可以通过单个的锅炉房以及区域安装气候补偿器来实现。

四、供热计量技术的未来发展趋势

（一）计量技术方法、装置产品更可靠

计量技术方法、装置产品的可靠性一直是人们关注的焦点，也必将是未来一段时间内的发展趋势。

（二）计量检测技术更全面、实用

随着我国供热计量收费面积的快速增加，计量表检测速度的提升以及检测范围的拓宽是计量发展的必然要求。供热计量是一个系统工程，其节能效果的体现除涵盖居民的行为节能外，也要以供热系统的优化运行、管网水力平衡、气候补偿等基本措施为支撑。供热计量同时也是一个细节工程，施工质量、宣传教育、物业协调等大量细节工作都对最终计量效果具有重要影响。未来，供热计量技术应用质量提升也将是国家和行业发展的重点之一。

（三）动态调控技术发展

按需供热和节约能源是供热计量对调控技术的根本性要求。用户主动调节室温、温控装置动态调节系统循环水量、气候补偿装置自动调节供水温度、变频水泵自动调节循环水量等供热计量工作，要求整个供热系统的调控必然是动态的，这也是未来发展方向之一。

（四）信息化及海量数据挖掘

信息化是目前各个计量厂家的一个主推方向，信息化的应用使得供热企业甚至城市供热管理部门可以从大量监控的计量数据中分析水力平衡效果、气候补偿效果、系统运行故障问题等成为可能，这方面的研究工作目前仍在起步阶段，但是发展动力十足，未来一段时间将会得到较快发展。

第十二节 建筑遮阳技术

建筑遮阳是为了避免阳光直射室内，防止建筑物的外围护结构被阳光过分加热，从而防止局部过热和眩光的产生，以及保护室内各种物品而采取的一种必要的措施。它的合理设计是改善夏季室内热舒适状况和降低建筑物能耗的重要因素。

一、建筑遮阳方式

建筑的许多部位诸如侧窗、屋顶、天窗、中庭玻璃顶均需要进行适当的遮阳设计，遮阳构件多种多样，对不同部位的遮阳设计也是有针对性的。

（一）侧窗遮阳

利用人工构件实现遮阳的方式分为水平遮阳、垂直遮阳和隔栅式遮阳三种。除遮阳构件之外，还有平板式遮阳方式，而利用绿化、植被等自然因素进行遮阳也有相当理想的效果。

1. 水平遮阳

在低纬度地区或夏季，由于太阳高度角很大，建筑的阴影很短，水平遮阳就足以达到很好的遮阳效果。最简单也最有效的方法是利用冬季、夏季太阳高度角的差异来确定合适的出檐距离，使得屋檐在遮挡夏季灼热阳光的同时又不会阻隔冬季温暖的阳光。建筑的屋檐常常用来遮阳，它也属于水平遮阳的表现形式之一。

2. 垂直遮阳

决定垂直遮阳效果的因素是太阳方位角，由于垂直遮阳能够有效地遮挡太阳高度角很低时的光线，因此适合用于东西方向。

3. 隔栅式遮阳

隔栅式遮阳兼具水平遮阳和垂直遮阳的优点，对于各种朝向和高度角的阳光都比较有效。

4. 平板式遮阳

平板式遮阳包括平面板式遮阳、帘幕式遮阳和百叶式遮阳。其中平面板式遮阳和帘幕式遮阳最能有效地遮挡整个窗户部分的阳光，为了兼顾采光和通风，遮阳板往往需要移动和开启，能够适当地进行调节。安装在玻璃建筑内部或者外部的布帘、幕布不仅能够有效遮阳，而且开启方便，卷折后能够不占用空间，很多建筑内都使用了这种遮阳方式。

百叶式遮阳是一种建筑中采用较多的遮阳方式，它的优点是能够根据需要调节角度，综合满足遮阳和采光通风的需要。基于这一特点，在综合考虑遮阳采光、自然通风的基础上，欧洲、美国的很多生态建筑外墙选用了百叶式遮阳。

5. 绿化遮阳

常见的植物遮阳有高大的乔木，夏季它们繁密茂盛的枝叶可以阻挡阳光对建筑物的照射；冬季树叶脱落，阳光又会通过枝条将热量送入室内。攀援类植物可以附在建筑外墙上，就像是为建筑穿了衣裳，它们在夏季长得最为茂盛，能阻挡日光的照射，但其在建筑表面覆盖得不均匀充满偶然性。这是植物这一生命体本身形体随着季节变化特点为建筑带来的一种特殊的遮阳方式。

（二）屋顶、天窗及中庭玻璃顶遮阳

屋顶、天窗、中庭玻璃顶都是建筑顶部的遮阳。这些部位的遮阳可以灵活借鉴侧窗遮阳的各种方式，下面三种是在设计中经常采用的。

1. 隔栅式遮阳

它兼有水平遮阳和垂直遮阳的优点，对于各种朝向和高度角的阳光都比较有效。对于屋顶天窗和玻璃顶来说，平板式遮阳如布幔和格栅能够充分发挥遮阳作用。

2. 帘幕式遮阳

玻璃顶棚常采用帘幕式遮阳的方式。由科隆卡迈·谢佛合作建筑事务设计，建筑师拉麦主持参与的明兴－格拉德巴赫银行是迄今为止德国最大的玻璃穹顶遮阳建筑，面积达到 1700 m^2。此建筑的玻璃圆顶有 5 层楼高，俯瞰整个大厅，成为一个建筑景观。大厅的环境气氛，包括接待区和办公区，最大限度地满足了舒适度要求。

3. 百叶式遮阳

百叶式遮阳位于玻璃内侧，也是玻璃屋顶常用的遮阳方式。

（三）玻璃片经特殊处理产生的遮阳效果

经过特殊处理的玻璃片，可部分减少进入室内的阳光和降低阳光强度，达到与遮阳相同的效果，同时不影响采光效果。伦佐·皮阿诺在波茨坦广场的总部大楼的阳光中庭顶部使用了这种遮阳方式。与水平面成一定角度的这种玻璃朝南倾斜放置，从中庭内部底层向上看，南向射来的直射光线大部分被这种玻璃挡住，变得模糊柔和，同时北面明亮的扩散光毫无遮挡地进入室内，一定角度向北望可看见完整的天空。

二、建筑遮阳设计与通风、采光、隔热

遮阳构件的设计固然要达到隔绝太阳辐射热量的目的，但由于大多数遮阳构件是与窗户结合在一起的，因此窗户原有的通风、采光、隔热功能与遮阳功能的协调显得非常重要。

（一）遮阳与通风

遮阳板在遮阳的同时也会影响窗户原有的采光和通风特性，遮阳板的作用是，既遮挡了过多的阳光，同时使得建筑周围的局部风压也会出现较大幅度的变化。在许多情况下，设计不当的实体遮阳板会显著降低建筑表面的空气流速，影响建筑内部的自然通风效果。根据当地的夏季主导风向特点，可以利用遮阳板来作为引风装置，增大建筑进风口的风压，对通风量进行调节，以达到自然通风散热的目的。在盖尔森基兴日光能科技园，为了解决 300 m 长廊中庭的通风问题，采用了折叠式布帘遮阳板，玻璃幕墙也可以通过机械装置开启通风。百叶遮阳板可以在遮阳的同时不妨碍通风，因此采用百叶遮阳板遮阳是解决遮阳与通风的矛盾的较好的方案。

（二）遮阳与采光

遮阳与采光总会产生矛盾，而水平百页的遮阳和采光可以相互结合并促进。水平百叶可在阻挡过量直射阳光进入室内近窗处的同时，将阳光反射到房间内离窗户较远的地方，促进了房间的自然采光。

玻璃百叶使用高性能的隔热和热反射制成，既可遮阳又不妨碍阳光进入室内。

（三）遮阳与散热

遮阳构件需满足既要避免本身吸收过多热量又要易于散热的特点。遮阳板适宜采用热容低的材料，以避免室内外不利的温度传导。在当今以生态技术为代表的建筑实例中，采用新型材料制成的高反射、低热容的金属遮阳、玻璃遮阳板受到越来越多的建筑师的青睐。

将遮阳板置于室外的效果显著于室内，这与遮阳板的通风散热有关。以垂直悬挂的遮阳百叶为例，当采用外遮阳时约有 30% 的热量进入室内，采用内遮阳时则提高 60%。平面遮阳帘幕能够达到 100% 的遮阳效果。

三、生态建筑遮阳设计趋势

以新材料、新技术为手段的新一代建筑师正在积极探索新的、更加高效的生态建筑遮阳方式。这些遮阳方式在使用新型遮阳材料的基础上，还能够自动控制和调节，不但加强了遮阳效果，而且与建筑其他功能如采光、通风的协调也大为增强，使遮阳板成为综合解决遮阳、采光、通风、太阳能利用的多功能构件。

（一）遮阳板

太阳能光电和光热转换结合的遮阳板，不仅避免了遮阳构件自身可能存在的吸热导致的升温和热传递问题，而且将吸收的热量转换成对建筑有用的电能、热能加以利用，可以说是建筑构件复合多功能发展的方向。

（二）双层皮

遮阳百叶或者帘幕装在双层玻璃幕墙的空气夹层中，这是一种综合解决遮阳、采光、通风、太阳能利用的策略。

（三）自动控制的遮阳构件

对于遮阳构件来说，简单的手工调节在现今依然有效，但对于一些大面积的玻璃幕墙和高层建筑来说，则需要构件的自动调节。

第十三节 植生混凝土

我国对多孔生态混凝土的研究与发展比较晚，东南大学高建明教授等对植物生长型多孔混凝土的制备、耐久性及应用方面展开了研究，得出骨灰比控制在 4 ～ 7、水胶比控制在 0.2 ～ 0.32、震动时间控制在 20 s 左右可以制备出孔隙率为 25% 左右、抗压强度达到 15 MPa 的高性能植被型多孔生态混凝土。还有人提出一种自适应植被混凝土，这种混凝土具有自动适应植被生长环境、自供给植物生长所需元素的特征。

一、植生混凝土的定义和结构

（一）植生混凝土的定义

植生混凝土是指以一定孔径、一定孔隙率的特质混凝土为骨架，在混凝土空隙内填充植物生长所需的物质，植物根系生长于孔隙内或穿透混凝土生长于下层土壤中的一类混凝土或混凝土制品。

（二）植生混凝土的结构

植生混凝土的构造是由作为主体的植物、被床、承载被面、床絮和基床等结构组成的。被床是植物的载体，具有一定的强度，又具备有利于植物生长所需的特种元素，它的厚度一般为 100 mm，孔隙率在 25% ～ 33%；承载被面是混凝土表面的栽培介质，营养物质与播种的种子放置在里面，它是种子发芽生长的初始环境；床絮是多孔混凝土中孔隙的填充物，填充率为 33% ～ 66%，它的作用是储蓄水分和养料，使植物根须能够扎根于基床；基床是适合于植物生长的土壤，要求深度约为 300 mm，在其中可放置缓效性肥料，以利于植物根系的成长。

二、植生混凝土配合比设计

植生混凝土的配合比设计需要考虑三个方面的因素，即孔隙率、透水系数及强度。初步确定植生混凝土的配合比设计方法是：根据已知材料的性能及所需的强度等级和密度，在确保混凝土稠度的前提下，以采用最小的水泥用量为原则，进行配合。首先选择材料，然后确定 1 m^3 大孔径混凝土的粗集料用量，再根据粗骨料的设计要求确定胶结材料的用量，根据施工工艺的要求确定水灰比，从而确定水泥和拌和水的用量。

三、植生混凝土的物理性能研究

（一）透水性

植生混凝土的透水性来源于其内部的孔隙，植物根系能够通过混凝土内部的孔隙扎入土壤中，吸取土壤中的养分。所以混凝土内部孔隙率的大小对其透水性具有直接影响。透水性决定着水在植生混凝土中的流动性，从而影响植物的存活。影响透水性的因素包括粗骨料粒径、级配、水灰比、骨灰比等。粗骨料粒径越小或者级配越好，透水系数就越小。对于水灰比的研究，不同研究者有不同的结论。随着骨胶比的增大，透水性会增大，因为随着骨胶间胶凝材料的减少，骨料间的孔隙增大，从而使得透水性增大。

（二）强度

植生混凝土主要用在河堤护岸、道路护坡、楼顶、停车场、道路隔离带等区域，这些地方对强度的要求不是很高，其抗压强度一般介于 2.0 ～ 15.0 MPa。影响强度的因素主要包括粗骨料粒径、级配、水灰比、骨胶比和胶凝材料的掺合料等。粗骨料粒径越小，级配越好，混凝土的强度就越高，单一级配的混凝土抗压强度小于连续级配配置的混凝土，这主要是因为骨料间的接触点增加，有利于强度的增加；水灰比的降低使浆体本身的强度增加，混凝土强度也随着增加，但是水灰比不宜超过 0.4。

四、植生混凝土存在的问题

（1）碱度过高。利用普通硅酸盐水泥制备的多孔生态混凝土试件，其胶凝材料水化后混凝土孔隙内 pH 达 13.5 左右，而最适宜植物生长的土壤是略微偏酸性的土壤，因此植物难以正常生长，这是限制多孔生态混凝土广泛应用的最大难点。

（2）强度比较低。因为混凝土的强度与其孔隙率是一对矛盾体，多孔混凝土中孔隙率高达 30%，因此其强度很难保障。

（3）目前为止多孔生态混凝土依然尚无统一、合理的配合比方法。

（4）由于多孔生态混凝土中存在大量蜂窝状连通孔隙，在被利用到护坡工程时很容易受到冻融、碳化等侵蚀。

我国对植生混凝土的研究起步较晚，有许多问题亟待解决，如植生混凝土配合比设计方法的统一化、规范化；植生混凝土性能的提升；植生混凝土的降碱处理方法；植生混凝土新型护岸方式的开发与应用；植生混凝土植生效果的评判标准等。植生混凝土特殊的结构特征，赋予它具备而普通混凝土所不具备的特征，即植生混凝土不仅能供植物生长，而且能净化水质、吸音降噪、减少粉尘等。植生混凝土是一种应用前景极为广阔，对人类可持续发展极具贡献力的新型混凝土产品，值得我们进一步研究推广和应用。

第十四节　透水混凝土

透水混凝土是一种生态友好型混凝土，是经过特殊工艺制成的具有连续孔隙率的混凝土。它具有较高的强度和良好的透气、透水性。本节根据透水混凝土的结构特征，研究了若干因素如骨料级配与粒径、骨灰比、水灰比、外加剂及搅拌工艺等对多孔透水混凝土的空隙率、透水系数与抗压强度等性能的影响。

一、原材料的选择及性能分析

在透水混凝土中，水泥石与骨料界面的黏结强度是混凝土最薄弱的环节，是决定混凝土强度的关键因素，因此水泥的活性、品种、数量的选择尤为重要。透水混凝土原材料采用强度较高、混合材料掺量较少的水泥或普通硅酸盐水泥。水泥浆的用量以恰能完全包裹骨料的表面为最佳，形成一种均匀的水泥浆膜层，以采用最小水泥用量为原则；因过大的水泥用量不仅会造成透水性的减弱、增加成本，还会造成水泥石收缩量增大，形成裂缝，使混凝土的强度降低。

粗骨料是透水混凝土的结构骨架，骨料粒径的大小视透水混凝土结构的厚度、强度、透水性而定。试验资料表明，透水混凝土的颗粒级配是决定其强度和透水功能的主要因素之一，为保证透水混凝土强度及其透水功能，常用颗粒较小的单粒径粗骨料。骨料粒径越小，骨料的堆积密度会越大，且颗粒间的接触点越多，配制的透水混凝土强度就越高，从而透水性能会降低。骨料粒径越小，其比表面积越大，所形成的结构骨架单位体积内骨料颗粒之间接触点数量多，胶结面积就越大，从而可提高混凝土的强度，但需同时调整水泥用量。骨料粒径越大，比表面积越小，所形成的结构骨料单位体积内骨料颗粒之间接触点数量少，胶结面积就越小，从而可提高透水性，但会降低强度。

粗骨料有连续级配与间断级配之分。连续级配即颗粒由小到大，每级粗骨料占有一定比例，相邻两级粒径之比为 2 ∶ 1，天然河卵石均属连续级配，连续级配的粒级间会出现干扰现象。为得到较小空隙率，相邻两级骨料粒径比应较大，才能使颗粒十分靠近，大颗粒的数量才最多，这就是间断级配。在混凝土中，骨料并非球形，粒径也不等，各骨料颗粒间有水泥砂浆层，故大颗粒间距可能增大。单粒级骨料易使混凝土发生离析现象，制作透水混凝土时需调整水泥用量和水灰比，否则极易出现骨料表面的水泥浆膜层厚度不均匀、流浆等现象，直接影响混凝土的强度、透水性及质量稳定性。

二、配制参数分析

透水混凝土应用比较广泛，虽然各用途中对其孔隙率的大小有不同的要求，但基本是在利用其自身多孔、透水、透气性好的特点，所以，在进行配合比设计时应首先保证透水混凝土具有所要求的透水性，然后再采取措施确保强度满足使用要求。

（一）孔隙率与透水系数的相关性

制备成功的透水混凝土，总孔隙率和透水系数之间需具有较好的相关性，孔隙率越高，透水系数越大。由于透水系数在配合比设计时并不方便直接作为设计参数，而集料本身又具有孔隙率这一物理常数，所以配合比设计时应把透水混凝土孔隙率作为设计参数代替透水系数。

（二）孔隙率和强度的影响

对于普通混凝土来说，强度是配合比设计的根本指标，而透水混凝土则不然，必须同时保证强度和透水性。在使用材料相同的条件下，强度和孔隙率是一对矛盾体，孔隙率高，则混凝土强度低；反之，孔隙率低，混凝土越密实，其强度就越高。通常使用透水混凝土必然要求其具有一定的透水性，即必须保证其具有相应的孔隙率，那么在限定孔隙率的情况下，通过增加胶结材料用量来增大透水混凝土强度显然是不可行的。所以透水混凝土配合比设计时，应首先保证其孔隙率，然后通过改变胶结材料强度和集料性能等方法来满足强度的要求。

（三）水灰比必须要严格控制

水灰比既影响透水混凝土的强度，又影响其透水性。对不同粒径、不同颗粒形状的骨料，其水灰比不同。如果水灰比过小，水泥浆则会过稠，此时水泥浆较难均匀地包裹在粗骨料颗粒表面，不利于强度的提高。如果水灰比过大，水泥浆则过稀，此时水泥浆又会从骨料颗粒表面滑下，包裹粗骨料颗粒表面的水泥浆过薄，不利于强度的提高，同时由于水泥浆流动性过大，水泥浆可能把透水空隙部分或全部堵实，既不利于透水，也不利于整体强度的提高。

第十五节　装配式建筑施工技术

一、装配式建筑施工技术概述

在当今提倡可持续发展的背景下，大力发展装配式建筑施工技术有其时代发展需求。从施工技术发展史角度来阐述，装配式建筑施工技术的大力推广，使得原有混凝土技术得到了技术补充，原有的房屋增加了新型链接方式的建筑物；从工业角度来讲，装配式建筑施工技术的运用整体带动了建筑信息模型（BIM）技术从理论着陆于实践，使得 BIM 细节化施工模拟得到了充分的实践证明。正如小平同志所说，实践是检验真理的唯一标准，正因如此，BIM 技术与装配式建设施工技术两者互相论证，在实践中不断弥补两者的不足，并不断进行技术更新。在装配式建筑施工技术领域就创新出叠合板技术、吸音叠合板技术、叠合梁技术、预制剪力墙分段技术等适用于新环境的新技术。可以说，装配式施工技术在未来将会被划分成若干个专业分区，在各分区内会不断出现新的技术来更替和完善整个装配式建筑技术。

装配式建筑从 2015 年被提出至今，其技术先后经历了大大小小的磨炼，

从分块试验到分区试行再到分城推广，从严谨的发展史可以看出，一个先进的生产工艺技术，必将由各种细节进行论证，时间检验了这项技术，人们的智慧验证了这项技术。以改革和发展的眼光去看装配式建筑施工技术，其在短期内是存在问题的，但这不能掩盖这项技术在施工中所发挥的作用。从施工实际出发，装配式建筑施工技术有充分的理论实践证明，有必要的工业生产力作为产业支撑，换个角度来说，这项技术可以使得项目增值，更具有新时代所具有的活力。因此未来装配式建筑施工技术的应用范围将更广，发展的重点将更明确。

二、装配式建筑施工技术的特点

装配式建筑施工技术的主要特点是工厂化加工。生产厂商需要具备相应的建筑与工业化大生产的生产资料，并配备必要的知识储备人才。在专业的生产工厂中，进行的是机械化与劳动力混合化生产，大体积构件由机器进行塑形，整体和分块细节由工厂人员控制，从而保证工业化生产建筑构件的产品质量。从信息化层面来讲，需要有专业的构件深化设计师从多专业多角度利用 BIM 技术进行整体项目建模，然后通过 BIM 技术将构件进行深化生产；从施工专业角度，需要用定制钢模板组装，然后在 BIM 深化图基础上，由专业技术人员进行现场监督钢筋混凝土构件的浇筑；从工艺过程角度，在浇筑混凝土过程中和之后的养护周期内，应由专人进行检查、检测和记录。由此形成一整套出厂前的技术资料，其将对工程后期的质量检测等具有相当大的指导作用。生产工厂化特点并不是装配式独有的，因为在市政桥梁工程中，也有预制工厂生产的箱梁。但与这相比，装配式建筑施工技术在工厂中的运用更多地体现了构件的多样性和结构的复杂性。从根本上来说，一个房屋建筑由上千个构件组成，从几何属性外观材质到应力应变分布等都具有多样性，因此与传统的工厂预制相比，装配式建筑施工技术所进行的工厂化精细加工，更具有挑战性。

装配式建筑施工技术的节能环保性决定了这个技术在推广之初就是为了绿色生活、和谐社会而进行的。我国一直在追寻特色社会的可持续发展道路，可持续发展是我们当今的必由之路，必须保证我们的后代有青山绿水。从这个角度来说，工厂化预制施工大大降低了烟尘在空气中的传播，把工程露天扬尘变成室内可控的灰尘，这点是非常值得称赞的。从现场装配过程来看，露天起重安装极大地缩短了施工时间，加之辅助于洒水等措施，使得扬尘问题得到控制。因此装配式建筑施工技术的使用完全符合绿色生态、绿色建筑的要求，有利于实现全面的青山绿水的可持续发展。

装配式建筑施工技术的根本特点是信息化设计、集约化施工、效率化安装。从技术层面来讲，信息化指的是利用一切可以使用的BIM软件进行信息化设计，用数据来指导施工，减少施工时可能遇到的不可见的问题，在设计时使用BIM技术的可视性来完善设计方案。从集约化角度来讲，装配式建筑施工技术在施工组织和生产中可以集成配套的设备，如墙面装饰、吊顶天棚、吊顶内管线集成、灯具集成，施工实践中大大缩短了常规工艺流程，节省了时间，优化了投资的利用效率。效率化安装从生产到运输的各个细节可以充分体现出来，就现场安装构件来看，各个步骤都是有序可寻的，从吊装到预定位置，然后进行最初固定，再利用斜撑和水平支撑进行固定等。

三、装配式建筑施工

（一）墙板和楼板施工

1. 施工准备

外墙板安装可采用储运吊装法和直接吊装法，一般多采用储运吊装法。吊装机械可采用塔式起重机、履带式起重机或轮胎式起重机，不同型式起重机施工平面布置不同。塔式起重机一般在建筑一侧布置轨道，而履带式起重机可以沿建筑四周行驶。墙板堆放区应根据吊装机械行驶路线来布置，尽量避免吊装机械空驶和带负荷行驶。除了吊装机械以外，主要设备还包括电焊机、千斤顶、空压机、测量仪器等。人力组织包括吊装工、焊工、混凝土工、抹灰工、木工、钢筋工等。当然，还有“三通一平”、验桩放线、做基础等工作。

2. 墙板与楼板安装

工艺流程为：放线→抄平、铺灰饼→安装操作台、准备卡具→铺灰→起吊、就位→临时固定、校正→焊接→填塞水平缝→拆除临时固定→抄水平线→找平抹灰→坐浆→吊装楼板→就位、校正→调平→填塞水平缝→板缝浇灌混凝土、做防水、做保温等。

墙板安装一般采用逐间封闭法，对于单元式住宅采用双间封闭，对于通长走廊的单身宿舍采用单间封闭。逐间封闭是指随安装、随临时固定、随焊接。长宽比较大的建筑一般由中部开始安装，向两侧发展。测量放线一般采用经纬仪和水准仪，也可以采用全站仪。先放出控制轴线，再放出墙板两侧边线、门窗洞口位置线等。吊装前先做找平层，一般采用1 ： 2.5水泥砂浆，若厚度超过3 cm应改用细石混凝土。铺灰采用1 ： 3水泥砂浆，应随铺随安装。坐浆可采用墙顶铺灰器。吊装墙板应采用专用吊具，如万能扁担。起吊前，检查墙板型号，清理预埋件和浮灰。起吊时，要求各吊点均匀受力，垂直起吊，在提升、转弯时避免冲击振动。墙板尽量一次就位，防止因撬动损坏墙板。就位后安装临时固定器，然后校正墙板立缝垂直度、调平楼板。楼板调平后用水泥砂浆填塞水平缝。楼板可采用专用小车逐块安装。墙板、楼板校正固定后采用 1 ∶ 2.5 水泥砂浆塞缝，缝隙距离超过 2 cm 应改用细石混凝土填实。墙板临时固定可采用操作平台法和工具式斜撑法，一般采用操作平台法，并采用专用墙板固定器来固定。内墙板临时固定采用木制或钢制水平拉杆固定，转角采用转角固定器固定。墙板临时固定并校正后进行焊接，主要是对各节点、板缝中预留钢筋、锚环焊接。焊接时，应按照大样图构造要求进行，这部分属于隐检项目，应按有关质量要求进行控制。

（二）板缝施工

工艺流程为：安装板缝模板→插放挡水条→安放保温条→灌注立缝混凝土→清理板缝毛刺→对水平缝、十字缝涂胶油→安装十字缝泄水口→勾缝（防水砂浆和罩面砂浆）。

在对板缝防水构造、保温构造进行施工前，应检查其完整性，若有损坏应采用聚合物水泥砂浆进行修补。立槽和空腔侧壁必须平整光洁，缺棱掉角修补后应涂刷一道稀释的防水胶油。防水塑料条或油毡条的宽度应比立槽间宽度大 5 cm，长度方向在上下楼层处应搭接 15 cm。板缝保温材料应根据设计要求裁制，裁制长度应比层高长 5 cm，并用热沥青将聚苯乙烯泡沫粘贴在油毡条上。板缝模板分为工具式木模和工具式钢模。木模板表面应刨光，并应深入板缝 1 cm。检查墙板焊接质量合格，即可浇灌墙板下部水平抗剪键槽混凝土。浇灌混凝土前，应将模板漏洞、缝隙填实，并浇水润湿模板。采用细石混凝土浇灌板缝，竖缝混凝土坍落度应控制在 8 ～ 12 cm，水平缝混凝土坍落度控制在 2 ～ 4 cm。每条板缝灌注混凝土时应连续，禁止留施工缝。振捣可采用 30 mm 长竹竿，灌注前就要放进板缝内，随浇灌、随插捣、随提拔，同时设专人敲击模板辅助振捣。由上、下层墙板接缝销键和楼板接缝销键构成的十字抗剪键块必须一次浇灌完成。浇灌过程中需避免污染墙饰面，有漏浆需及时用水冲洗。同时还要避免板缝内插入的防水、保温材料移位或破坏。板缝混凝土浇灌后应浇水养护。勾缝防水砂浆按水泥 : 砂 : 防水粉 =1 ∶ 2 ∶ 0.02（质量比）配制。

（三）隔墙板安装

隔墙板常采用加气混凝土板、石膏空心条板、预制混凝土板等类型，现以加气混凝土板安装为例。工艺流程为：弹线→安装隔墙板→隔墙板固定→板缝填塞→粉刷墙面。

加气混凝土板厚度一般为 75 ～ 100 mm，由于厚度较薄，运输时采用成捆包装。包装时，不得使用铁丝捆扎；起吊时，不得使用钢丝绳兜吊。现场堆放应侧立，禁止平放。施工时应使用专用工具。安装前，先在楼板底部、楼地面弹好线。然后架立靠放隔墙板的临时木方。临时木方由上方、下方和支撑立柱组成，上、下方与支撑立柱之间采用木楔楔紧。一般做法是在加气混凝土板上端面抹上黏结砂浆，下部用木楔顶紧，再在木楔空间内填入水泥砂浆或细石混凝土。施工时，先将板侧、板顶清扫干净，然后涂抹一层 3 mm 厚的胶黏剂。板立好后，用撬棍顶紧贴住楼板底面，再用木楔楔紧。填缝砂浆采用 1 ∶ 2 水泥砂浆。砂浆硬化后抽出木楔，再用 1 ∶ 2 水泥砂浆封严木楔孔。门窗洞口处应预留出孔洞（上部为后塞口），其长宽应比门窗框大 5 mm。门窗框两侧涂抹胶黏剂，立即用铁钉钉牢或用塑料胀管与木螺钉固定。隔墙板与门窗框的接缝采用木贴脸压缝。隔墙板之间及转角处采用胶黏剂黏结。壁橱、挂衣钩等采用塑料胀管和木螺钉固定。设备、器具固定时可在板材上局部打洞，再往洞里浇灌细石混凝土，同时埋入螺栓。

第四章　绿色施工组织与管理

第一节　绿色施工组织与管理概述

一、绿色施工组织与管理的基本理论

施工组织一般通过工程施工组织设计进行体现，施工管理则是解决和协调施工组织设计与现场关系的一种管理。施工组织设计是施工管理的核心内容，是用来指导施工项目全过程各项活动的技术，是施工技术与施工项目管理有机结合的产物，它能保证工程开工后施工活动有序、高效、科学合理地进行。施工组织设计的复杂程度因工程具体的情况而不同，其所考虑的主要因素包括工程规模、工程结构特点、工程技术复杂程度、工程所处环境差异、工程施工技术特点、工程施工工艺要求和其他特殊问题等。一般情况下，施工组织设计的内容主要包括施工组织机构的建立、施工方案、施工平面图的现场布置、施工进度计划和保障工期措施、施工所需劳动力及材料物资供应计划、施工所需机具设备的确定和计划等。对于复杂的工程项目或有特殊要求及专业要求的工程项目，施工组织设计应尽量制定详尽；小型的普通工程项目因为可参考借鉴的工程施工组织管理经验较多，施工组织设计可以简略些。

施工组织设计可根据工程规模与对象不同分为施工组织总设计和单位工程施工组织设计。施工组织总设计需解决工程项目施工的全局性问题，编写时应尽量简明扼要、突出重点，要组织好主体结构工程、辅助工程和配套工程等之间的衔接和协调问题；单位工程施工组织设计主要针对单体建筑工程编写，其目的是具体指导工程施工过程，要求明确施工方案各工序工种之间的协同，并根据工程项目建设的质量、工期和成本控制等要求，合理组织和安排施工作业，提高施工效率。

二、绿色施工组织与管理的内涵

（一）绿色施工管理各参与方的职责

绿色施工管理的参与方主要包括建设单位、设计单位、监理单位和施工单位。由于各参与单位角色不同，在绿色施工管理过程中的职责各异。

1. 建设单位

编写工程概算和招标文件时，应明确绿色施工的要求，并提供包括场地、环境、工期、资金等方面的条件保障；向施工单位提供建设工程绿色施工的设计文件、产品要求等相关资料，保证真实性和完整性；建立工程项目绿色施工协调机制。

2. 设计单位

按国家现行有关标准和建设单位的要求进行工程绿色设计；协助、支持、配合施工单位做好建筑工程绿色施工的有关设计工作。

3. 监理单位

对建筑工程绿色施工承担监理责任；审查绿色施工组织设计、绿色施工方案或绿色施工专项方案，并在实施过程中做好监督检查工作。

4. 施工单位

施工单位是绿色施工实施的主体，其职责是组织绿色施工的全面实施；实行总承包管理的建设工程，总承包单位应对绿色施工负总责；总承包单位应对专业承包单位的绿色施工实施管理，专业承包单位应对工程承包范围的绿色施工负责；施工单位应建立以项目经理为第一责任人的绿色施工管理体系，并制定绿色施工管理制度，保障负责绿色施工的组织实施，及时进行绿色施工教育培训，定期开展自检、联检和评价工作。

（二）绿色施工管理主要内容

绿色施工管理主要包括组织管理、规划管理、实施管理、评价管理、人员安全与健康管理五个方面。

1. 组织管理

绿色施工组织管理主要包括：绿色施工管理目标的制定、绿色施工管理体系的建立、绿色施工管理制度的编制。

2. 规划管理

规划管理主要是指绿色施工方案的编写。绿色施工方案是绿色施工的指导性文件，在施工组织设计中应单独编写一章。在绿色施工方案中应对绿色施工所要求的“四节一环保”内容提出控制目标和具体控制措施。

3. 实施管理

绿色施工实施管理是指对绿色施工方案实施过程中的动态管理，重点在于强化绿色施工措施的落实，对工程技术人员进行绿色施工方面的思想意识教育，结合工程项目绿色施工的实际情况开展各类宣传，促进绿色施工方案各项任务的顺利完成。

4. 评价管理

绿色施工的评价管理是指对绿色施工效果进行评价的措施。按照绿色施工评价的基本要求，评价管理包括自评和专家评价。其中自评管理要注重绿色施工相关数据、图片、影像等资料的制作、收集和整理。

5. 人员安全与健康管理

人员安全与健康管理是绿色施工管理的重要组成部分，其主要包括工程技术人员的安全、健康、饮食、卫生等方面，旨在为相关人员提供良好的工作和生活环境。

从以上分析来看，组织管理是绿色施工实施的机制保证；规划管理和实施管理是绿色施工管理的核心内容，关系到绿色施工的成败；评价管理是绿色施工不断持续改进的措施和手段；人员安全与健康管理则是绿色施工的基础和前提。

三、绿色施工组织与管理的方法建立的原则

（一）绿色施工组织与管理标准化方法的建立应与施工企业现状结合

标准化管理方法的建设基础是施工企业的流程体系。建筑施工企业的流程体系建立是在健全的管理制度、明确的责任分工、严格的执行能力、规范的管理标准、积极的企业文化等基础上形成的，因此，构建标准化的绿色施工组织与管理方法必须依托正规的特大或大型建筑施工企业，这类企业往往具有管理体系明确、管理制度健全、管理机构完善、管理经验丰富等特点，且企业所承揽的工程项目数量较多，实施标准化管理能够产生较大的经济效益。

（二）绿色施工组织与管理标准化方法的建立应以企业岗位责任制为基础

绿色施工组织与管理的标准化方法应该是一项重要的企业制度，其形成和运行均依托于企业及项目部的相关管理机构和管理人员，作为制度化的运行模式，标准化管理不会因机构和管理岗位人员的变化而产生变化。因此，绿色施工组织与管理标准化方法应该建立在施工企业管理机构和管理人员的岗位、权限、角色、流程等明晰的基础上。当新员工入职时，与标准化管理配套的岗位手册可以作为员工培训的材料，为员工提供业务执行的具体依据，这也是有效解决企业管理的重要举措。

（三）绿色施工组织与管理标准化方法的建立应通过多管理体系融合确保标准落地执行

建筑工程绿色施工组织与管理标准化不仅仅指绿色施工的组织和管理，与传统建筑工程施工相同工程的质量管理、工期管理、成本管理、安全管理也是绿色施工管理的重要组成部分。在制定绿色施工组织与管理标准化方法的同时，应充分考虑质量、安全、工期和成本的要求，将各种目标控制的管理体系和保障体系与绿色施工管理体系相融合，以实现工程项目建设的总体目标。

第二节　绿色施工组织管理

建立绿色施工管理体系就是绿色施工管理的组织策划设计，以制定系统、完整的管理制度和绿色施工的整体目标。在这一管理体系中有明确的责任分配制度，并指定绿色施工管理人员和监督人员。

绿色施工要求建立公司和项目两级绿色施工管理体系。

一、绿色施工管理体系

（一）公司绿色施工管理体系

施工企业应该建立以总经理为第一责任人的绿色施工管理体系，一般由总工程师或副总经理作为绿色施工牵头人，负责协调人力资源管理部门、成本核算管理部门、工程科技管理部门、材料设备管理部门、市场经营管理部门等管理部门。

（1）人力资源管理部门：负责绿色施工相关人员的配置和岗位培训；负

责监督项目部绿色施工相关培训计划的编制和落实以及效果反馈；负责组织国内和本地区绿色施工新政策、新制度在全公司范围内的宣传等。

（2）成本核算管理部门：负责绿色施工直接经济效益分析。

（3）工程科技管理部门：负责全公司范围内所有绿色施工创建项目在人员、机械、周转材料、垃圾处理等方面的统筹协调；负责监督项目部绿色施工各项措施的制定和实施；负责项目部相关数据收集的及时性、齐全性与正确性，并在全公司范围内及时进行横向对比后将结果反馈到项目部；负责组织实施公司一级的绿色施工专项检查；负责配合人力资源管理部门做好绿色施工相关政策制度的宣传，并负责落实在项目部贯彻执行等。

（4）材料设备管理部门：负责建立公司《绿色建材数据库》和《绿色施工机械、机具数据库》，并随时进行更新；负责监督项目部材料限额领料制度的制定和执行情况；负责监督项目部施工机械的维修、保养、年检等管理情况。

（5）市场经营管理部门：负责对绿色施工分包合同的评审，将绿色施工有关条款写入合同。

（二）项目绿色施工管理体系

绿色施工创建项目必须建立专门的绿色施工管理体系。项目绿色施工管理体系不要求采用一套全新的组织结构形式，而是一种建立在传统的项目组织结构的基础上，要求融入绿色施工目标，并能够制定相应责任和管理目标以保证绿色施工开展的管理体系。

项目绿色施工管理体系要求在项目部成立绿色施工管理机构，以作为总体协调项目建设过程中有关绿色施工事宜的机构。这个机构的成员由项目部相关管理人员组成，还可包含建设项目其他参与方，如建设方、监理方、设计方的人员。同时要求实施绿色施工管理的项目必须设置绿色施工专职管理员，要求各个部门任命相关的绿色施工联络员，履行本部门所涉及的与绿色施工相关的职能。

二、绿色施工组织责任分配

（一）公司绿色施工责任分配

（1）总经理为公司绿色施工第一责任人。

（2）总工程师或副总经理作为绿色施工牵头人负责绿色施工专项管理工作。

（3）以工程科技管理部门为主，其他各管理部室负责与其工作相关的绿色施工管理工作，并配合协助其他部室工作。

（二）项目绿色施工责任分配

（1）项目经理为项目绿色施工第一责任人。

（2）项目技术负责人、分管副经理、财务总监以及建设项目参与各方代表等组成绿色施工管理机构。

（3）绿色施工管理机构开工前制定绿色施工规划，确定拟采用的绿色施工措施并进行管理任务分工。

（4）管理任务分工，其职能主要分为四个：决策、执行、参与和检查。一定要保证每项任务都有管理部门或个人负责决策、执行、参与和检查。

（5）项目主要绿色施工管理任务分工表制定完成后，每个执行部门负责填写《绿色施工措施规划表》报绿色施工专职管理员，绿色施工专职管理员初审后报项目部绿色施工管理机构审定，作为项目正式指导文件下发到每一个相关部门和人员。

（6）在绿色施工实施过程中，绿色施工专职管理员应负责各项措施实施情况的协调和监控。同时在实施过程中，针对技术难点、重点，可以聘请相关专家作为顾问，保证实施顺利。

三、绿色施工管理理念的主要特点

首先是一体化特点，在进行施工实践过程中，我们可以得出结论，绿色环保材料的应用使整体施工效果得到了提升，并且能够满足机械设备使用数量的控制。在进行原有的施工建设过程中，通常会使用单一化的功能性设备来作为主要的施工辅助。与此不同之处是，在绿色施工管理理念中则是主要采用多功能型的机械设备来作为主要的施工辅助，信息化时代的来临，能够通过人工智能来逐渐代替施工现场的人员数量和设备应用数量，降低能源消耗，节约建设成本，同时还能够起到保护环境的作用。其次是系统化的特点。在进行工程建设的过程中，需要进行系统化方案的制订，绿色施工系统化主要表现在施工组织可以通过施工准备环节，来自由地进行施工方案的设计，在传统的施工过程中更好地实现环境保护工作，机器设备投入的减少也能够达到节能减排的目的。与此同时，在施工管理方案的制订过程中，需要将局部的施工环节管理作为主要的建设内容，这充分体现出绿色施工对整体建设效果的显著提升，因此，工作开展的过程中，我们需要以提高系统综合管理性为主要建设目标，尽可能地实现建筑、自然与人之间的协调发展。最后是信息化发展特点。绿色施工管理理念的应用主要是通过信息化来实现的，工作人员能够通过对动态参数的控制和管理，来保证建筑工程的科学性，运用全新的机械性设备来提高建设速度。绿色施工信息化发展的主要特点就是信息资源的整合以及信息资源的合理分配，工作人员在这一工作内容推行的过程中，需以低碳环保的理念为主要基础。

第三节　绿色施工规划管理

一、绿色施工图纸会审

绿色施工开工前应组织绿色施工图纸会审，也可在设计图纸会审中增加绿色施工部分，从绿色施工“四节一环保”的角度，结合工程实际，在不影响质量、安全、进度等基本要求的前提下，对设计进行优化，并保留相关记录。

现阶段绿色施工处于发展阶段，工程的绿色施工图纸会审应该有公司一级管理技术人员参加，在充分了解工程基本情况后，结合建设地点、环境、条件等因素提出合理性变更设计申请，经相关各方同意会签后，由项目部具体实施。

二、绿色施工总体规划

（一）公司规划

在确定某工程要实施绿色施工管理后，公司应对其进行总体规划，规划内容包以下几项。

（1）材料设备管理部门从绿色建材数据库中选择距工程 500 km 范围内的绿色建材供应商数据供项目选择。以绿色施工机械、机具数据库并结合工程具体情况为依据，提出机械设备选型建议。

（2）工程科技管理部门收集工程周边在建项目信息，对工程临时设施建设需要的周转材料、临时道路路基建设需要的碎石类建筑垃圾以及在工程如有前期拆除工序而产生的建筑垃圾就近处理等提出合理化建议。

（3）根据工程特点，结合类似工程经验，对工程绿色施工目标设置提出合理化建议和要求。

（4）对绿色施工要求的执证人员、特种人员提出配置要求和建议；对工程绿色施工实施提出基本培训要求。

（5）在全公司范围内（有条件的公司可以在一定区域范围内），从绿色施工“四节一环保”的基本原则出发，统一协调资源、人员、机械设备等，以求达到资源消耗最少、人员搭配最合理、设备协同作业程度最高、最节能的目的。

（二）项目规划

在进行绿色施工专项方案编制前，项目部应对以下因素进行调查并结合调查结果做出绿色施工总体规划。

1. 工程建设场地内原有建筑分布情况

（1）原有建筑需拆除：要考虑对拆除材料的再利用。

（2）原有建筑需保留，施工时可以使用：结合工程情况合理利用。

（3）原有建筑需保留，施工时严禁使用并要求进行保护：要制定专门的保护措施。

2. 工程建设场地内原有树木情况

（1）需移栽到指定地点：安排有资质的队伍合理移栽。

（2）需就地保护：制定就地保护专门措施。

（3）需暂时移栽，竣工后移栽回现场：安排有资质的队伍合理移栽。

3. 工程建设场地周边地下管线及设施分布情况

制定相应的保护措施，并考虑施工时是否可以借用，以避免重复施工。

4. 竣工后规划道路的分布和设计情况

施工道路的设置尽量与规划道路重合，并按规划道路路基设计进行施工，避免重复施工。

5. 竣工后地下管网的分布和设计情况

特别是排水管网，建议一次性施工到位，施工中提前使用，避免重复施工。

6. 本工程是否同为创绿色建筑工程

如果是，考虑某些绿色建筑设施，如雨水回收系统等需提前建造，施工中提前使用，避免重复施工。

7. 距施工现场 500 km 范围内主要材料分布情况

虽然有公司提供的材料供应建议，但项目部仍需要根据工程预算材料清单，对主要材料的生产厂家进行摸底调查，距离太远的材料需考虑运输能耗和损耗，在不影响工程质量、安全、进度、美观等前提下，可以提出设计变更建议。

8. 相邻建筑施工情况

施工现场周边是否有正在施工或即将施工的项目，从建筑垃圾处理、临时设施周转材料衔接、机械设备协同作业、临时或永久设施共用、土方临时堆场借用甚至临时绿化移栽等方面考虑是否可以合作。

9. 施工主要机械来源

根据公司提供的机械设备选型建议，结合工程现场周边环境，规划施工主要机械的来源，尽量减少运输能耗，以最高效使用为基本原则。

10. 其他

（1）设计中是否有某些构配件可以提前施工到位，在施工中运用，避免重复施工。例如，高层建筑中消防主管提前施工并保护好，用作施工消防主管，避免重复施工；地下室消防水池在施工中用作回收水池，循环利用楼面回收水等。

（2）卸土场地或土方临时堆场：考虑运土时对运输路线环境的污染和运输能耗等，距离越近越好。

（3）回填土来源：考虑运土时对运输路线环境的污染和运输能耗等，在满足设计要求前提下，距离越近越好。

（4）建筑、生活垃圾处理：联系好回收和清理部门。

（5）构件、部品工厂化的条件：分析工程实际情况，判断是否可采用工厂化加工的构件或部品；调查现场附近钢筋、钢材集中加工成型，结构部品化生产，装饰装修材料集中加工，部品生产的厂家条件。

三、绿色施工专项方案

在进行充分调查后，项目部应对绿色施工制定总体规划，并根据规划内容编制绿色施工专项施工方案。

（一）绿色施工专项方案主要内容

绿色施工专项方案是在工程施工组织设计的基础上，对绿色施工有关的部分进行具体和细化，其主要内容如下。

（1）绿色施工组织机构及任务分工。

（2）绿色施工的具体目标。

（3）绿色施工针对“四节一环保”的具体措施。可以参照《建筑工程绿色施工评价标准》（GB/T 50640—2010）和《绿色施工导则》的相关条款，结合工程实际情况，选择性采用。

（4）绿色施工拟采用的“四新”技术措施。可以是《建筑业 10 项新技术》和“建设事业推广应用和限制禁止使用技术公告”“全国建设行业科技成果推广项目”，以及本地区推广的先进适用技术等，如果是未列入推广计划的技术，则需要另外进行专家论证。

（5）绿色施工的评价管理措施。

（6）工程主要机械、设备表。需列清楚设备的型号、生产厂家、生产年份等相关资料，以方便审查方案时判断是否为国家或地方限制、禁止使用的机械设备。

（7）绿色施工设施购置（建造）计划清单。仅包括为实施绿色施工专门购置（建造）的设施，对原有设施的性能提升，应只计算增值部分的费用；多个工程重复使用的设施，应计算其分摊费用。

（8）绿色施工具体人员组织安排。应具体到每一个部门、每一个专业、每一个分包队伍的绿色施工负责人。

（9）绿色施工社会经济环境效益分析。

（10）施工现场平面布置图。应考虑动态布置，以达到节地的目的，多次布置的应提供每一次的平面布置图，布置图上要求将噪声监测点、循环水池、垃圾分类回收池等绿色施工专属设施标注清楚。

（二）绿色施工专项方案审批要求

绿色施工专项方案要求严格按项目、公司两级审批。一般由绿色施工专职施工人员进行编制，项目技术负责人审核后，报公司总工程师审批，只有审批手续完整的方案才能用于指导施工。

绿色施工专项方案，有必要时，考虑组织进行专家论证。

（三）建筑工程绿色施工管理存在的问题

1. 缺少施工标准

在建筑工程施工与建设过程中，要从实际出发，加强对建筑开发项目质量的重视，该项内容是项目开展过程中的一项关键内容。建筑工程项目的施工质量，一方面会对建筑项目的具体应用效果造成影响，另一方面在人民群众的财产和人身安全方面也扮演着重要角色。但是，从目前我国建筑行业的发展情况来看，绿色施工管理缺少全面科学的施工标准，这也致使我国部分建筑工程项目的施工质量无法满足具体的应用需求，导致工程质量偏低，进而影响整个行业的发展。这种施工标准的缺失，会致使建筑工程施工建设期间出现严重的安全问题。例如：未严格依据相应的规范要求，进行砖砌墙体操作，横纵墙体施工未同时进行；钢筋混凝土结构中，钢筋长度不足，或含量偏低。以上绿色施工存在明显的违规情况，这不仅会对建筑工程的最终质量造成不良影响，而且也增加了把控绿色施工管理的难度。

2. 管理制度有待完善

近几年，绿色施工管理得到了进一步推广，但是，因为我国建筑工程项目施工管理处于发展阶段，整体推进速度相对来说比较缓慢，管理制度有待进一步完善，施工管理意识欠缺，监管方面存在的问题较为严重。例如，某建筑企业出现了高污染、高消耗现象，在发展期间，过分注重眼前利益，强调眼前利益，对于能源、环境的保护的重视程度不足，同时，一些资源浪费高耗费材料工程，单位并不批准，这也增加了绿色施工管理阻力，对于建筑行业的整体发展来说十分不利。

3. 建筑环保意识有待进一步提高

近几年，我国加强了在环境保护意识方面的宣传，但是，由于我国人口多、土地辽阔，不同区域民众的综合素质差距较大，同时在环境保护措施具体应用期间，还存在较多的差异和不足之处，这在一定程度上也阻碍了建筑行业的环保管理。国民环保意识偏低已经成为一种常规现象，虽然在发展过程中，加强了宣传力度以及相应的监管力度，但是，多数建筑施工技术人员的环境保护观念仍然较差，没有在充分考虑环境问题的基础上，对建筑工程建设期间应用的各种材料进行选择，未通过合理化的措施，对建筑工程建设中形成的各种建筑垃圾和生活垃圾进行处理，从而引起了较为严重的环境问题。

（四）绿色施工管理措施

1. 资源节约利用措施

（1）采用节水施工工艺，并进行施工用水量计算，确定用水定额指标，实行定额计量管理。

（2）施工现场设置合理、完备的生产、生活和雨水疏排水管道，修建储水池，定期清理和消毒，做到雨水和施工污水的回收利用符合要求。

（3）厕所、浴室购置安装计时、自动控制冲洗水箱和洗浴头等节约用水器材。

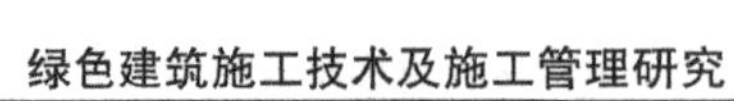

（4）采用雨水、基坑降水等非正式水源，经三级沉淀处理后进行车辆刷洗、路面湿水、花草浇灌、卫生清洁等。

（5）混凝土、砂浆拌和用水采用电子仪器控制，混凝土浇筑完成后采用遮盖、喷水养护或涂抹养护剂保养，避免浪费。

2. 能源节约利用措施

（1）施工现场分开设定施工、生活、办公和施工设施的用电控制定额，定期进行计算、核算和核对分析，并制定预防与纠正措施。

（2）施工现场优先选用降低能耗的电线和灯具，临时设备采用自动把控装置。采用高效光源和声音控制、光控等能耗低的灯具，提倡使用太阳能路灯和太阳能热水器。

（3）优先使用国家、行业推荐的节能、高效、环保的施工设备和能耗低、效率高的电动工具、机具。

（4）合理配置空调、风扇数量，规定运行时间，执行分段、分时使用，减少夏季空调或风扇、冬季取暖设备的使用时间及耗能量。

3. 大力研发推广环保新技术、新材料

创新技术是推动建筑行业发展的重要动力，也是提高企业建设水平的重要举措，因此企业应当大力研发新技术、新材料，建立科研部门进行技术攻关，强化自主创新能力，形成自有专利技术，并将好的技术加以推广应用，让更多的建筑工程能够受益，进而推动建筑行业发展的质变；除了施工技术的改革创新，我们还要把信息技术充分利用起来，让绿色施工管理科学化、客观化、自动化、信息化，通过对施工动态参数信息的收集整理，随时调整施工资源的投入，以最少的投入完成最高效的任务，达到低耗环保的目的。

4. 积极实施建筑工艺改良的技术

为了有效提升建筑工程项目施工管理的水平，在绿色施工管理理念的背景下，还应该对施工工艺进行一定的改良和创新。例如，在对建筑物的混凝土墙体施工过程中实施的两层连铺技术，也属于一种绿色施工技术，这种技术的实施不仅能够很大程度上缩短工程施工周期，还能有效地降低破坏力度，极大地提升工程项目的地基稳定性。在进行建筑工艺技术创新改良的过程中，必须注意的是应该加强对工程建筑周围的地质结构的保护，重视事前勘探作业，以此来有效地减少建筑工程裂缝的出现。此外，在进行全封闭式施工管理的过程中，还应该加强工程项目抗病害的能力，对于可能出现问题的地方应该实施防护措施。

5. 科学管控施工中产生的噪声污染

建筑工程施工现场，还会使用到大量的施工机械及设备，并且施工中还会利用大量的车辆负责施工材料及垃圾的运输，这些施工机械与车辆的使用会产生很大的噪声。这些噪声对周围居民的生活环境影响比较大。因此，施工的过程中需要科学、合理地控制好施工中的噪声，减少噪声污染。

第四节　绿色施工目标管理

绿色施工必须实施目标管理。目标管理实际上属于绿色施工实施管理的一部分，由于其重要性，因此将其单独成节，做详细介绍。

一、绿色施工目标值的确定

绿色施工的目标值应根据工程拟采用的各项措施，结合《绿色施工导则》《建筑工程绿色施工评价标准》（GB/T 50640—2010）以及《建筑工程绿色施工规范》（GB/T 50905—2014）等相关条款，在充分考虑施工现场周边环境和项目部以往施工经验的情况下确定。

目标值应该从粗到细分为不同层次，可以是总目标下规划若干分目标，也可以将一个一级目标拆分成若干二级目标，形式可以多样，数量可以多变，每个工程的目标值应该是一个科学的目标体系，而不仅是简单的几个数据。

绿色施工目标体系确定的原则是：因地制宜、结合实际、容易操作、科学合理。

（1）因地制宜——目标值必须是结合工程所在地区实际情况制定的。

（2）结合实际——目标值的设置必须充分考虑工程所在地的施工水平、施工实施方的实力和施工经验等。

（3）容易操作——目标值必须清晰、具体，一目了然，在实施过程中，方便收集对应的实际数据与其对比。

（4）科学合理——目标值应该是在保证质量、安全的基本要求下，针对“四节一环保”提出的合理目标，在“四节一环保”的某个方面相对传统施工方法有更高要求的指标。

二、绿色施工目标的动态管理

项目实施过程中的绿色施工目标控制采用动态控制的原理。动态控制的具体方法是在施工过程中对项目目标进行跟踪和控制。收集各个绿色施工控制要点的实测数据，定期将实测数据与目标值进行比较。当发现实施过程中的实际情况与计划目标发生偏离时，及时分析偏离原因，确定纠正措施，采取纠正行动。对纠正后仍不满足的目标值，进行论证分析，及时修改，设立新的更适宜的目标值。

在工程建设项目实施中如此循环，直至目标实现为止。项目目标控制的纠偏措施主要有组织措施、管理措施、经济措施和技术措施等。

三、绿色施工目标管理内容

绿色施工的目标管理按“四节一环保”及效益六个部分进行，应该贯穿到施工策划、施工准备、材料采购、现场施工、工程验收等各个阶段的管理和监督之中。

第五节　绿色施工实施管理

绿色施工专项方案和目标值确定之后，进入项目的实施管理阶段，绿色施工应对整个过程实施动态管理，加强对施工策划、施工准备、现场施工、工程验收等各阶段的管理和监督。绿色施工的实施管理其实质是对实施过程进行控制，以达到规划所要求的绿色施工目标。通俗地说其就是为实现目标进行的一系列施工活动，作为绿色施工工程，在其实施过程中，主要强调以下几点。

一、建立完善的制度体系

“没有规矩，不成方圆。”绿色施工在开工前制订了详细的专项方案，确立了具体的各项目标，在实施工程中，主要是采取一系列的措施和手段，确保按方案施工，最终满足目标要求。

绿色施工应建立一整套完善的制度体系，通过制度，既约束不绿色的行为又指定应该采取的绿色措施，而且制度也是绿色施工得以贯彻实施的保障体系。

二、配备全套的管理表格

绿色施工的目标值大部分是量化指标，因此在实施过程中应该收集相应的数据，定期将实测数据与目标值进行比较，及时采取纠正措施或调整不合理目标值。

另外，施工管理是一个过程性活动，随着工程的竣工，很多施工措施将消失不见，为了考核绿色施工效果，见证绿色施工效益，及时发现存在的问题，要求针对每一个绿色施工管理行为制定相应的管理表格，并在施工中监督填制。

三、营造绿色施工氛围

目前，绿色施工理念还没有深入人心，很多人并没有完全接受绿色施工概念，绿色施工实施管理，应该纠正职工的思想，努力让每一个职工把节约资源和保护环境放到一个重要的位置，让绿色施工成为一种自觉行为。要达到这个目的，需结合工程项目特点，有针对性地对绿色施工做相应的宣传，通过宣传营造绿色施工的氛围非常重要。

绿色施工要求在现场施工标牌中增加环境保护的内容，在施工现场醒目位置设置环境保护标识。

四、增强职工绿色施工意识

施工企业应重视企业内部的自身建设，使管理水平不断提高，不断趋于科学合理，并加强企业管理人员的培训，提高他们的素质和环境意识。具体应做到以下几点。

（1）加强管理人员的学习，由管理人员对操作层人员进行培训，增强员工的整体绿色意识，加强员工对绿色施工的承担与参与度。

（2）在施工阶段，定期对操作人员进行宣传教育，如黑板报和绿色施工宣传小册子等，要求操作人员严格按已制定的绿色施工措施进行操作，鼓励操作人员节约水电、节约材料，注重机械设备的保养，注意施工现场的清洁，文明施工，不制造人为污染。

五、借助信息化技术

绿色施工实施管理可以借助信息化技术作为协助实施手段，目前施工企业

信息化建设越来越完善，已建立了进度控制、质量控制、材料消耗、成本管理等信息化模块，在企业信息化平台开发绿色施工管理模块，对项目绿色施工实施情况进行监督、控制和评价等工作能起到积极的辅助作用。

第六节　绿色施工评价管理

绿色施工管理体系中应该有自评价体系。根据编制的绿色施工专项方案，结合工程特点，对绿色施工的效果及采用的新技术、新设备、新材料和新工艺，进行自评价。自评价分项目自评价和公司自评价两级，各级分阶段对绿色施工实施效果进行综合评价，根据评价结果对方案、措施以及技术进行改进、优化。

一、绿色施工项目自评价

项目自评价由项目部组织，分阶段对绿色施工各个措施进行评价，自评价办法可以参照《建筑工程绿色施工评价标准》（GB/T 50640—2010）进行。

绿色施工项目自评价一般分三个阶段进行，即地基与基础工程、结构工程、装饰装修与机电安装工程阶段。原则上每个阶段不少于一次自评，且每个月不少于一次自评。

绿色施工项目自评价分四个层次进行：绿色施工要素评价、绿色施工批次评价、绿色施工阶段评价和绿色施工单位工程评价。

（一）绿色施工要素评价

绿色施工的要素按“四节一环保”分为五大部分，绿色施工要素评价就是按这五大部分分别制表进行评价的。

（二）绿色施工批次评价

绿色施工批次评价即将同一时间进行的绿色施工要素评价进行加权统计，得出单次评价的总分。

（三）绿色施工阶段评价

绿色施工阶段评价即将同一施工阶段内进行的绿色施工批次评价进行统计，得出该施工阶段的平均分。

（四）绿色施工单位工程评价

绿色施工单位工程评价即将所有施工阶段的评价得分进行加权统计，得出本工程绿色施工评价的最后得分。

二、绿色施工公司自评价

在项目实施绿色施工管理过程中，公司应对其进行评价。评价由专门的专家评估小组进行，原则上每个施工阶段都应该进行至少一次公司评价。

公司评价的表格可以采用自行设计更符合项目管理要求的表格。但每次公司评价后，应该及时与项目自评价结果进行对比，差别较大的工程应重新组织专家评价，找出差距原因，从而制定相关措施。

绿色施工评价是推广绿色施工工作的重要一环，只有真实、准确、及时地对绿色施工进行评价，才能了解绿色施工的状况和水平，发现其中存在的问题和薄弱环节，并在此基础上进行持续改进，使绿色施工的技术和管理更加完善。

三、绿色施工评价要点

（一）评价要素

在现行《建筑工程绿色施工评价标准》（GB/T 50640—2010）中，评价要素包括“四节一环保”五个要素，均是从技术的角度出发制定的。但是，管理因素是技术符合标准的根本保证，技术与管理是相辅相成的两个方面，因此，应进一步强调施工管理的重要性，在评价框架体系中增加绿色施工管理评价要素。同时，考虑到绿色施工在我国正处于迅速发展阶段，有必要增设创新要素，鼓励绿色施工技术、管理水平的提高与创新。这样，就形成了包括“四节一环保”、施工管理、提高与创新在内的绿色施工评价七要素。

（二）评价阶段

在现行《建筑工程绿色施工评价标准》（GB/T 50640—2010）中，评价阶段按照工程形象划分为地基与基础工程、结构工程、装饰装修与机电安装工程三个阶段，这是基于建筑工程的施工特点不同划分的，应予以保留。此外，在项目实施全过程中，不同时间段绿色施工评价的内容亦有所不同。在现行《建筑工程绿色施工评价标准》（GB/T 50640—2010）中，对“四节一环保”五要素的评价主要是针对施工过程的评价，对施工策划、材料与设备采购以及工程验收涉及较少且不系统。而施工策划、材料与设备采购是保证施工过程顺利进行的基础，工程验收是绿色施工的根本保证，因此，应以时间为坐标，将工程项目划分为施工策划、材料与设备采购、施工和工程验收四个阶段。不同阶段绿色施工评价的侧重点不同，应分别给出评价指标、评价内容，包括评价要素、评价阶段在内的建筑工程绿色施工评价框架体系，以使绿色施工评价更具针对性。

（三）健全绿色施工评价体系内容

目前国内外对于绿色施工评价体系的研究大多集中在绿色施工的技术准则、绿色建筑评价标准和全寿命周期评价等方面。这些评价体系大多集中在设计阶段，对于项目的施工阶段涉及较少，因此建立针对施工阶段的绿色施工评价体系是对整个项目实施阶段监控评价体系的完善。

1. 技术指标

技术指标包括：绿色施工技术的使用比例、技术实施的适用性、技术实施的安全可靠性。绿色施工技术的应用是整个评价体系的重要指标，所以应合理有效地使用绿色施工技术，考虑技术对项目的适用性和安全可靠性，使绿色施工技术产生应有的效益。

2. 能源指标

能源指标包括：能源消耗量、能源使用率、可再生能源的使用。绿色施工过程中要最大限度地节约能源，减少各个阶段能源的消耗量，积极开发使用新能源和可再生能源，减少不可再生能源的使用和浪费。

3. 环境指标

环境指标包括：固体垃圾处理、噪声控制、有害气体控制和污水处理。施工过程中应减少固体垃圾的产生，对建筑垃圾进行分类处理或回收利用；对噪声控制主要看是否采取隔音措施，减少噪声对周围居民的影响；控制有害气体的排放，对有害气体浓度进行实时监测；施工时产生的污水不能对周边水环境造成污染，评价的重点在于污水处理和水的循环利用等。

四、环境保护评价指标

（一）控制项

1. 施工现场标牌应包括环境保护内容

施工现场标牌是指工程概况牌、施工现场管理人员组织机构牌、入场须知牌、安全警示牌、安全生产牌、文明施工牌、消防保卫制度牌、施工现场总平面图、消防平面布置图等。施工现场标牌应体现保障绿色施工开展的相关内容。

2. 施工现场应在醒目位置设环境保护标识

施工现场醒目位置是指主入口、主要临街面、有毒有害物品堆放地等，这位置应设环境保护标识。

3. 施工现场的文物古迹和古树名木应采取有效保护措施

工程项目部应贯彻文物保护法律法规，制定施工现场文物保护措施，并有应急预案。

除以上各项外，现场食堂应有卫生许可证，有熟食留样，炊事员应持有效健康证明。

（二）一般项

1. 资源保护应符合的规定

（1）应保护场地四周原有地下水形态，减少地下水抽取。

（2）危险品、化学品存放处及污物排放采取隔离措施。

2. 人员健康应符合的规定

（1）施工作业区和生活办公区分开布置，生活设施远离有毒有害物质（临时办公和生活区距有毒有害存放地一般为 50 m，因场地限制不能满足要求时应采取隔离措施）。

（2）生活区应有专人负责，并有消暑或保暖措施。

（3）现场工人劳动强度和工作时间应符合现行国家标准《体力劳动强度等级》的相关规定。

（4）从事有毒、有害、有刺激性气味和强光、强噪声施工的人员应佩戴相应的防护器具。

（5）深井、密闭环境处以及防水和室内装修施工时有自然通风或临时通风设施。

（6）现场危险设备地段、有毒物品存放地配置醒目安全标志，施工采取有效防毒、防污、防尘、防潮、通风等措施，加强人员健康管理。

（7）厕所、卫生设施、排水沟及阴暗潮湿地带应定期消毒。

（8）食堂各类器具清洁，个人卫生、操作行为规范。

3. 扬尘控制应符合的规定

（1）现场建立洒水清扫制度，配备洒水设备，并有专人负责。

（2）对裸露地面、集中堆放的土方采取抑尘措施（现场直接裸露的土体表面和集中堆放的土方采用临时绿化、喷浆和隔尘布遮盖等抑尘措施）。

（3）对运送土方、渣土等易产生扬尘的车辆采取封闭或遮盖措施。

（4）现场进出口设冲洗池和吸湿垫，进出现场车辆保持清洁。

（5）易飞扬和细颗粒建筑材料封闭存放，余料及时回收。

（6）易产生扬尘的施工作业采取遮挡、抑尘等措施（该条为对于施工现场切割等易产生扬尘等作业所采取的扬尘控制措施要求）。

（7）拆除爆破作业有降尘措施。

（8）高空垃圾清运采用管道或垂直运输机械完成，而不采取自高空抛落的方式。

（9）现场使用的散装水泥、预拌砂浆应有密闭防尘措施。

4. 废气排放控制应符合的规定

（1）进出场车辆及机械设备废气排放符合国家年检要求。

（2）不使用煤作为现场生活的燃料。

（3）电焊烟气的排放符合《大气污染物综合排放标准》（GB 16297—1996）的规定。

（4）不在现场燃烧废弃物。

5. 固体废弃物处置应符合的规定

（1）固体废弃物分类收集，集中堆放。

（2）废电池、废墨盒等有毒有害的废弃物封闭回收，不应混放。

（3）有毒有害废弃物分类率达到 100%。

（4）垃圾桶分可回收与不可回收利用两类，定期清运。

（5）建筑垃圾回收利用率应达到 30%。

（6）碎石和土石方类等废弃物用作地基和路基回填材料。

6. 污水排放应符合的规定

（1）现场道路和材料堆放场周边设排水沟。

（2）工程污水和试验室养护用水经处理后排入市政污水管道（工程污水采取去泥沙、除油污、分解有机物、沉淀过滤、酸碱中和等针对性的处理方式，达标排放）。

（3）现场厕所设置化粪池，并定期清理。

（4）工地厨房设隔油池，并定期清理（设置现场中的沉淀池、隔油池、化粪池等及时进行清理，不发生堵塞、渗漏、溢出等现象）。

（5）雨水、污水应分流排放。

7. 光污染应符合的规定

（1）夜间焊接作业时，采取挡光措施。

（2）工地设置大型照明灯具时，有防止强光线外泄的措施。

（3）调整夜间施工灯光投射角度，避免影响周围居民正常生活。

8. 噪声控制应符合的规定

（1）采用先进机械低噪声设备进行施工，机械、设备定期保养维护。

（2）噪声较大的机械设备尽量远离施工现场办公区、生活区和周边住宅区。

（3）混凝土输送泵、电锯房等设有吸音降噪屏或其他降噪措施。

（4）夜间施工噪声声强值符合国家有关规定。

（5）混凝土振捣时不得振动钢筋和钢模板。

（6）吊装作业指挥应使用对讲机传达指令。

9. 施工现场应设置连续、密闭且能有效隔绝各类污染的围挡

现场围挡应连续设置，不得有缺口、残破、断裂，墙体材料可采用彩色金属板式围墙等可重复使用的材料，高度应符合现行行业标准《建筑施工安全检查标准》（JGJ 59—2011）的规定。

10. 施工中，开挖土方合理回填利用

现场开挖的土方在满足回填质量要求的前提下，就地回填使用，也可采用造景等其他利用方式，避免倒运。

（三）优选项

1. 施工作业面设置隔声设施

在噪声敏感区域设置隔声设施，如连续的、足够长度的隔声屏等，满足隔声要求。

2. 现场设置可移动环保厕所并定期清运、消毒

高空作业每隔五至八层设置一座移动环保厕所，施工场地内环保厕所足量配置，并定岗定人负责保洁。

3. 现场应设置噪声检测点并实施动态监测

现场应不定期请环保部门到现场检测噪声强度，所有施工阶段的噪声控制在国家现行标准《建筑施工场界环境噪声排放标准》（GB 12523—2011）限值内。

4. 现场有医务室，人员健康应急预案完善

施工组织设计有保证现场人员健康的应急预案，预案内容应涉及火灾、爆炸、高空坠落、物体打击、触电、机械伤害、坍塌、SARS、疟疾、禽流感、霍乱、登革热、鼠疫疾病等。一旦发生上述事件，现场能果断处理，避免事态扩大和蔓延。

5. 基坑施工做到封闭降水

基坑降水不予控制，将会造成水资源浪费，改变地下水自然生态，还会造成基坑周边地面沉降和建、构筑物损坏，所以基坑施工应尽量做到封闭降水。

6. 现场采用喷雾设备降尘

现场拆除作业、爆破作业、钻孔作业和干旱燥热条件土石方施工应采用高空喷雾降尘设备减少扬尘。

建筑垃圾回收利用率应达到50%。工程污水采取去泥沙、除油污、分解有机物、沉淀过滤、酸碱中和等处理方式，实现达标排放。

五、节材与材料资源利用评价指标

（一）控制项

（1）根据就地取材的原则进行材料选择并有实施记录。就地取材是指材料产地到施工现场500 km范围内。

（2）应有健全的机械保养、限额领料、建筑垃圾再生利用等制度。现场机械保养、限额领料、废弃物排放和再生利用等制度健全，做到有据可查，有责可究。

（二）一般项

1. 材料的选择符合下列规定

（1）施工选用绿色、环保材料，应建立合格供应商档案库，材料采购做到质量优良、价格合理，所选材料应符合《民用建筑工程室内环境污染控制标准》（GB 50325—2020）的要求。

（2）临建设施采用可拆迁、可回收材料。

（3）应利用粉煤灰、矿渣、外加剂等新材料，降低混凝土和砂浆中的水泥用量；粉煤灰、矿渣、外加剂等新材料掺量应按供货单位推荐掺量、使用要求、施工条件、原材料等因素通过试验确定。

2. 材料节约应符合下列规定

（1）采用管件合一的脚手架和支撑体系。

（2）采用工具式模板和新型模板材料，如铝合金、塑料、玻璃钢和其他可再生材质的大模板和钢框镶边模板。

（3）材料运输方法应科学，应降低运输损耗率。

（4）优化线材下料方案。

（5）面材、块材镶贴，应做到预先总体排版。

（6）因地制宜，采用新技术、新工艺、新设备、新材料。

（7）提高模板、脚手架体系的周转率。

强调从实际出发，采用适合当地情况，利于高效使用当地资源的“四新”技术，如“几字梁”、模板早拆体系、高效钢材、高强混凝土、自防水混凝土、自密实混凝土、竹材、木材和工业废渣废液利用等。

3. 资源再生利用应符合下列规定

（1）建筑余料应合理使用。

（2）板材、块材等下脚料和撒落混凝土及砂浆科学利用；制订并实施施工场地废弃物管理计划；分类处理现场垃圾，分离可回收利用的施工废弃物，将其直接应用于工程，并进行施工废弃物回收利用率计算。

（3）临建设施应充分利用既有建筑物、市政设施和周边道路。

（4）现场办公用纸分类摆放，纸张应两面使用，废纸应回收。

（三）优选项

（1）应编制材料计划，合理使用材料。

（2）应采用建筑配件整体化或建筑构件装配化安装的施工方法。

（3）主体结构施工应选择自动提升、顶升模架或工作平台。

（4）建筑材料包装物回收率应达到100%。现场材料包装用纸质或塑料，塑料泡沫质的盒、袋均要分类回收，集中堆放。

（5）现场应使用预拌砂浆。预拌砂浆可集中利用粉煤灰、人工砂、矿山及工业废料和废渣等，对资源节约、减少现场扬尘具有重要意义。

（6）水平承重模板应采用早拆支撑体系。

（7）现场临建设施及安全防护设施应定型化、工具化、标准化。

参考文献

[1] 中国城市科学研究会. 中国绿色建筑：2013[M]. 北京：中国建筑工业出版社，2013.

[2] 李继业，刘经强，郗忠梅. 绿色建筑设计 [M]. 北京：化学工业出版社，2015.

[3] 张国强，徐峰，周晋，等. 可持续建筑技术 [M]. 北京：中国建筑工业出版社，2009.

[4] 李君. 建设工程绿色施工与环境管理 [M]. 北京：中国电力出版社，2013.

[5] 林宪德. 绿色建筑：生态·节能·减废·健康 [M]. 北京：中国建筑工业出版社，2007.

[6] 曾捷. 绿色建筑 [M]. 北京：中国建筑工业出版社，2010.

[7] 刘加平，董靓，孙世钧. 绿色建筑概论 [M]. 北京：中国建筑工业出版社，2010.

[8] 龙惟定，武涌. 建筑节能技术 [M]. 北京：中国建筑工业出版社，2011.

[9] 宗敏. 绿色建筑设计原理 [M]. 北京：中国建筑工业出版社，2010.

[10] 中国建筑节能协会. 中国建筑节能现状与发展报告：2012[M]. 北京：中国建筑工业出版社，2013.

[11] 王立雄. 建筑节能 [M]. 2 版. 北京：中国建筑工业出版社，2009.

[12] 齐康，杨维菊. 绿色建筑设计与技术 [M]. 南京：东南大学出版社，2011.

[13]《绿色建筑》教材编写组. 绿色建筑 [M]. 北京：中国计划出版社，2008.

[14] 白润波，孙勇，马向前. 绿色建筑节能技术与实例 [M]. 北京：化学工业出版社，2012.

[15] 韩轩. 建筑节能设计与材料选用手册 [M]. 天津：天津大学出版社，2012.

[16] 刘抚英. 绿色建筑设计策略 [M]. 北京：中国建筑工业出版社，2013.